BACK TO *Human*

低歸屬感世代

丹・蕭伯爾 DAN SCHAWBEL 著
戴至中 譯

各界讚譽

臉書加速我們和陌生人的連結，陌生人可能因為你一則發文、一張照片，就發出好友邀請。你發了一則閱讀心得，對那本書有共鳴的人靠過來。你轉了一張沙灘撿垃圾的照片，對淨灘有感的人靠過來。你點下同意。然後因為另一篇他不甚同意的發文，秒刪你好友。科技讓我們「好聚好散」，我們飛快地以為找到同類，卻又飛快地察覺對方是異類。如何從孤立中走出，請閱讀本書。

——**楊斯棓**／方寸管顧首席顧問、醫師

科技的進步，大幅增強了人際間溝通的頻率與密度，卻也因此少了人與人之間的溫度。本書很好地提醒領導者們，在善用科技提升效率之餘，千萬不要忽略領導過程中最關鍵的要素——人。

——**游舒帆**／商業思維學院院長

以實用的指南讓領導人停止依賴科技，並開始與團隊建立真切的連結。

——**亞當・格蘭特（Adam Grant）**／《紐約時報》暢銷書《給予》、《反叛，改變世界的力量》、與雪柔・桑德伯格（Sheryl Sandberg）合著《擁抱B選項》作者

徹底檢視科技在我們的生活中所扮演的角色，以及我們對裝置過度依賴是如何加深了我們的孤立感。《低歸屬感世代》是懷抱希望的著作，為領導人和其他任何想做得更好的人提供了改變的處方。

——**丹尼爾・品克（Daniel H. Pink）**／《什麼時候是好時候》和《未來在等待的銷售人才》作者

透過商業來拉抬人性是自覺資本主義的目的。《低歸屬感世代》就是在貼心提醒，職場文化必須具備信任、真心、創新與關懷，使工作同時成為個人成長與專業圓滿的來源。

——**約翰・麥凱（John Mackey）**／全食超市（Whole Foods Market）執行長暨創辦人，《品格致勝》共同作者

好玩、設想周到的讀物，更重要的，是真正有用的著作。

——**史丹利·麥克克里斯托（Stanley McChrystal）**／（退役）將軍、《紐約時報》暢銷書《美軍四星上將教你打造黃金團隊》作者

我們的大腦尺寸增大是為了處理複雜的交際需求，然而我們所演化成的社會卻不重視人性互動。丹的洞察力將確保各位把演化所形成的神經元全部用上。

——**梅默特·奧茲（Mehmet Oz）**醫師／哥倫比亞大學外科教授，《奧茲醫師秀》（*The Dr. Oz Show*）主持人

在付諸行動日益困難的年代中，一錘定音的連結指南。

——**湯姆·雷斯（Tom Rath）**／《紐約時報》暢銷書《尋找優勢2·0》作者

丹將幫助各位把該死的手機放進口袋，正眼看人，並在工作上建立起實在的人性關係。

——**金·史考特（Kim Scott）**／《紐約時報》暢銷書《徹底坦率》作者

科技或許加速了改變的步伐，但並未消弭對經營事業的基本需求。在《低歸屬感世代》裡，丹・蕭伯爾提供了專家建言來克服科技的缺點，並重新聚焦在商業成功的真正基石上：關係、協作和把事情搞定。是所有領導人的必讀之作。

——**羅恩・薩伊克（Ron Shaich）**／潘娜拉麵包（Panera Bread）創辦人暨董事長

《低歸屬感世代》顯示了現代科技是如何使我們的工作生活不圓滿。在這本引人入勝及富有洞察力的著作中，丹・蕭伯爾力主我們的互動要多點人性和少點機器，並提供了要怎麼達成這點的實用指南。任何人想要在現今的職場上成為更稱職的領導人，本書就是必讀之作。

——**金偉燦**／歐洲工商管理學院（INSEAD）波士頓顧問集團（BCG）策略學教授，《紐約時報》暢銷書《航向藍海》作者

溝通即領導。領導就是這麼回事：溝通。《低歸屬感世代》出色地指點我們，要成功地讓科技與裝置使我們成為更好的領導人和溝通者，而不是更差。

——**基普・廷達爾（Kip Tindell）**／收納商店（The Container Store）共同創辦人、董事長暨前任執行長

對於在這個科技的年代，要怎樣才能為職場恢復人性和真心的連結，丹．蕭伯爾在他出色的新書《低歸屬感世代》裡提供了最深入、最有洞察力的分析：要靠領導人建立有高度動機、協作的團隊，以打造出健全、有成效的職場。對所有關心使工作圓滿的人來說，它都是必讀之作。

——**比爾．喬治（Bill George）**／哈佛商學院資深研究員，美敦利（Medtronic）前任董事長暨執行長，《找到你的真北》（*Discover Your True North*）作者

我要把《低歸屬感世代》推薦給任何想要為團隊創造更高生活品質的領導人。蕭伯爾解釋了建立人性連結對個人和組織的成功至關重要。不管科技多進步，人性接觸依舊會在，而本書將幫助各位打造更強固的關係來通往更高的績效與快樂。

——**米歇爾．藍道（Michel Landel）**／索迪斯（Sodexo）執行長

丹寫出了有意義的新經典。他強化了人性對圓滿的需求，並說明了大部分的科技都會限制這層重要的連結。套用他的觀念將有助於眾人找到有意義的連結，從而增進個人的福祉與

工作生產力。

——**戴夫·尤瑞奇（Dave Ulrich）**／《紐約時報》暢銷書《尤瑞奇樂於工作的七大祕密》作者，密西根大學羅斯商學院（Ross School of Business）倫西斯李克特（Rensis Likert）教授

在《低歸屬感世代》裡，丹·蕭伯爾提醒我們，人性千萬不可淪為新科技的附庸，無人駕駛或其他都一樣。而且這樣的進展正在人性的連結中被體現，以為了追求更好且有創意地一起工作。

——**貝絲·康斯塔克（Beth Comstock）**／奇異（GE）前副董事長

對任何渴望勞動力要更協作與更有成效的領導人來說，《低歸屬感世代》都是有價值的讀物。聽從丹的建言，我們就能享有更強固的團隊關係，進而帶來更強大的營業成果。

——**伯特·雅各（Bert Jacobs）**／人生美好（Life Is Good）共同創辦人暨樂觀長

在《低歸屬感世代》裡，丹．蕭伯爾敦促我們放下手機，開始投資更深厚的關係。這是我們全都需要聽到的訊息。

——**丹．希思（Dan Heath）**／《紐約時報》暢銷書《關鍵時刻》、《黏力，把你有價值的想法，讓人一輩子都記住！》、《學會改變》、《零偏見決斷法》共同作者

有的書談生產力卻忽略了實務，有的書給了勾選清單卻忽略了「為什麼」。但要是有書是以研究為本，裡面滿是高度適切的操練，能幫助任何人在工作上變得更稱職呢？不用他求了：《低歸屬感世代》裡富含實用的洞察，不但有助於各位把職務做得更好，也會讓各位暫停一下去思考，要怎麼把日子過成真正想要的樣子。

——**席尼．芬克斯坦（Sydney Finkelstein）**／達特茅斯教授，暢銷書《無法測量的領導藝術》和《從輝煌到湮滅》作者

對於要怎麼成為更好的領導人，《低歸屬感世代》提供了基本事項的實用依據。好的洞察力搭配好的建言。寫得好！

——**大衛．諾瓦克（David Novak）**／百勝集團（YUM! Brands）前任董事長暨執行長

在殖民時代，山姆．亞當斯（Samuel Adams）和他的革命夥伴都是在小酒館裡見面，並搭著一、兩杯啤酒來計畫美國革命。《低歸屬感世代》帶我們重拾了那些必需的人性互動——交談、溝通、協作和共同的熱情。假如你想要釀造自己的革命，丹．蕭伯爾的這本書就是絕佳的指南。乾杯！

——**吉姆．庫克（Jim Koch）**／山姆亞當斯創辦人暨釀酒師，《創業，先滿足自己的渴望！》作者

假如領導人想要打造出與團隊更強固的連結，《低歸屬感世代》就非讀不可。在鼓勵更多的人性連結而不是依賴科技之下，蕭伯爾的訊息將隨著時間推移而變得更適切。

——**霍華德．畢哈（Howard Behar）**／星巴克（Starbucks）前總裁

在世人需要關注的課題上，是非常及時的著作！

——**蓋瑞．凱勒（Gary Keller）**／凱勒威廉國際房地產（Keller Williams Realty International）創辦人，《紐約時報》暢銷書《成功，從聚焦一件事開始》作者

科技是不凡的僕人，卻是差勁的主人。不幸的是，它已隨著時間從前者進展為後者，並在許多方面兼而造成了商業上與個人的亂象。所幸身為現今商界最厲害的人才之一，丹・蕭伯爾再次站上了打擊區來與我們分享他過人的智慧！他不但辨認出了問題，並有系統地提供解方來幫助領導人創造文化與環境，使團隊成員能在工作中享受並壯大。這是每位領導人和每個人都該擁有、一口氣讀完並擺在桌上隨手翻閱的書。

——**鮑伯・柏格（Bob Burg）**／《給予的力量》和《真誠，就是你的影響力》共同作者

為了推升關係和建立職涯或事業，假如你今年只能買一本書，那就是《低歸屬感世代》了。奠基在確鑿的研究上，《低歸屬感世代》彙集了諸多領導人的管用策略、觀念，以及實用的操練與建言。

——**蘇珊・蘿安（Susan RoAne）**／《個人公關》和《面對面》（*Face to Face: How to Reclaim the Personal Touch in a Digital World*）作者

目錄

第一部 精通自我連結

第二部 打造團隊連結

第三部
建立組織連結

獻給我的作家經紀人吉姆・黎凡

前言
科技正如何在工作上孤立我們

我們的超強連結是在數位伊甸園裡所潛伏的蛇。

——亞莉安娜・赫芬頓（Arianna Huffington）[1]

在網飛（Netflix）上收看當紅的英國科幻影集《黑鏡》（*Black Mirror*）時，令我詫異的是，〈急轉直下〉（Nosedive）那集把我們當前的社會反映得有多貼切。故事所設定的另類實境是，人可以用智慧手機互相評分，而且這些評分會衝擊到他們的生活。主角蕾西（Lacie）對自己的評分很執迷，就跟許多人對自己的動態更新獲得讚、留言和分享的次數很執迷沒兩樣。在這集的開頭，她在五分中的評分是四・二，但至少需要四・五才能搬進朋友所住的較高檔鄰里。她朋友娜歐蜜（Naomi）有四・八的評分，並請蕾西來擔任婚禮上的伴娘。在去婚禮的路上，蕾西遇到了一連串的衰事，使她的評分降到了只剩二・六。結果娜歐蜜便要她別再來婚禮了。雖然節目為虛構，但這集完美闡述了科技能如何把我們分隔開來，不下於把我們聚在一起，而且它所樹起的無情之鏡讓我們看到了，從事無意識的社會比較是多大的罪過，使我們和其他每個人都慘兮兮。

現代科技以短短十年前未曾出現的方式衝擊了我們的職場。即時通訊、數位平台和視訊會議全然改變了我們是如何、何時和在哪裡工作。蓋洛普（Gallup）的調查發現，全美的勞動力有超過三分之一是遠距工作，自由工作者工會（Freelancers Union）則通報說，自由工作者現在也占了超過三分之一。[2]機器人和人工智慧使我們的生產力大增，代價是把某些任務取代掉，甚至是把全職工作從經濟中消滅掉。麥肯錫（McKinsey）發現，到二〇五五年時，現今的工作活動可能有半數會自動化，在全球所占的薪資幾近十五兆美元。[3]

從正面來看，網路、應用程式和智慧手機打造出了更為社群、協作和光鮮亮麗的全球職場。根據《哈佛商業評論》（*Harvard Business Review*），在過去二十年間，協作活動增加了五〇％，現在在員工的日常工作中占了七五％以上。[4]但這樣的協作有愈來愈多是發生在社群網路和行動應用程式內，發生在人身上的比例則低很多。這些科技的演進未見停止，每年都將繼續轉變和重塑我們的工作生活。

為了讓各位體會到事情變化得有多快，當電話在十九世紀後期導入時，這項新科技花了幾十年才觸及全體家戶的一半。到了一個世紀後的一九九〇年代，行動電話花不到五年就達到了同樣的滲透率。[5]未來的裝置可能會比這還要快。

裝置提供了許多不可置信的好處，包括即時互動、使工作流程有效率、創造新想法和取得資源。在此同時，這些裝置也擾亂了我們的關係，並使職場更失調。我們有的是薄弱的聯繫，而不是強固的羈絆。我們有的是干擾，而不是有成效的會面。科技所製造的錯覺是，現今的工作者彼此高度連結，而在現實上，大部分的人卻覺得與同僚孤立了開來。他們最渴求的就是與他人之間的真心連結感，研究也日益顯示，真誠的聯繫是最高績效職場文化的註冊商標。

科技成癮正在增加。對那些伴隨著科技成長而比較有可能成為早期採用者的年輕員工來說，這點尤其為真。他們樂於使用這些裝置來獲得立即的滿足，抒解壓力，並得到認同感。但這種科技用途有它較陰暗的一面。在某一集的《六十分鐘》（*60 Minutes*）裡，Google的前產品經理崔斯坦．哈里斯（Tristan Harris）坦承，這些裝置是故意設計成讓我們對它成癮。[6]我們每次拿起手機，就是在拉動操縱桿，希望贏得令人興奮的酬賞，就跟玩吃角子老虎沒兩樣。

雖然它會讓人忍不住以為，哈里斯是以比喻的方式在談科技成癮，但它其實是非常真實的事。每次我們一收到簡訊或動態更新，大腦中的快感系統就會分泌少量的多巴胺，跟控制古柯鹼的藥物成癮是一樣的系統。在智慧型手機存在前，人一天平均會花十八分鐘在電腦和其他電子裝置上。[7] 如今我們一天則要花上可觀的五小時，[8] 在此期間平均會滑兩千六百次手機。[9] 約有半數的美國人對裝置成癮到，寧可壞的是骨頭，也不要是手機。[10]

除了把大筆的錢放進裝置製造商和科技公司的口袋，成癮也正改寫我們的心智，並塑造我們的行動、感受與思維。[11] 它還干涉了我們的關係。作家暨思想領袖賽門．西奈克（Simon Sinek）觀察到，年輕人體驗到壓力時，「不去向人尋求，而是去找裝置和社群媒體來提供暫時的慰藉」。這樣的應付機制則使我們鬱悶、孤立，而且在生活中更加不稱職。

由未來職場（Future Workplace）聯手任仕達（Randstad）所做的兩項全球研究發現，較年輕的工作者說自己想要什麼與實際上是如何行事的關聯性非常低。在十多個國家裡，有六千位二十二到三十四歲的工作者接受了抽樣調查，並有過半告訴研究人員，他們偏好親自溝通多過科技。儘管如此，有超過三分之一的人卻是把約三成的私人與工作時間花在臉書上。[12]我們選擇的是簡訊、即時通訊和社群網路，而不是親自會面和打電話。有人打電話來和留言語音信箱時，我有很多同儕甚至會變得沮喪，並把它視為打岔。

職場的孤獨正在散布。當我們依賴裝置來連結其他人類時，關係就會變得比較薄弱。用傳簡訊來取代人性互動使我們孤獨又不快樂。結果就是孤立蔚為流行，使人說自己有密友的百分比下降，並導致全體美國人有一半在公共生活中感到孤獨。[13]美國的前衛生署長維偉克·默熙（Vivek Murthy）博士告訴我，「孤獨和薄弱的社會連結與壽命減短有關，類似於一天抽十五根菸所造成的情況，而且甚至比肥胖還要相關。」[14]

如果要在工作上圓滿、對團隊用心及快樂，我們就需要聚焦於與身邊的人建立更深厚的關係。由喬治·威朗特（George Vaillant）所主持的著名哈佛格蘭特研究（Harvard Grant study）對兩百六十八位哈佛大學生追蹤了七十五年，以針對他們在不同時期的生活來蒐集多方面的資料。[15]威朗特發現，生活滿意度的最佳預測因子並不是金錢或職涯成功，而是強固的關係。

有幾位研究人員研究了孤立的員工感受到孤獨和對團隊用心的相關性。共識在於，以工作績效、對雇主忠誠和員工的整體福祉來說，有工作上的朋友和團隊的同袍之情可以帶來巨大的改觀。在華頓商學院（Wharton School of Business），席格·巴薩德（Sigal Barsade）訪問了六百七十二位員工和他們的一百一十四位上司，並發現員工的孤獨較強會導致工作、團隊角色和關係表現較為拙劣。[16]在另外的研究中，約翰·麥爾（John P. Meyer）和娜塔莉·艾倫（Natalie J. Allen）發現，員工在人際關係上的品質會大大衝擊到他們是如何認定和連結公司。孤獨的員工比較有可能在工作上感到缺乏歸屬，對公司也比較不用心。[17]

蓋洛普訪問了超過五百萬人，並發現只有三〇%在工作上有摯友；而這些人對工作投入的可能性則高了七倍。[18]在本書另外的研究中，維珍脈動（Virgin Pulse）和未來職場對二十個國家的兩千多位工作者進行抽樣調查，並發現七%的工作者沒有工作上的朋友，有超過半數則是朋友在五人以下。[19]那些朋友最少的人「相當經常」或「總是」感到孤獨，並且對工作不投入。對我這一代的人來說，這點尤其重要。他們把團隊視為工作上的家人，老闆則是工作上的父母。沒有人會想要為了別家公司的一群陌生人而離開家人，就如同沒有人會想要當個表現拙劣的人而讓家人失望。

職場上的孤立造成了員工去尋求更多的親密感、更有同理心，並建立更深厚的友誼。在調查了十個國家的兩萬五千位員工後，我們發現依賴協作工具的遠距工作者比較有可能拿起電話、檢查電子郵件的語調，並跟同事交朋友。[20]身為內向的人，在波士頓和紐約都居家工作了好幾年，我可以認可這種對歸屬的需求，而且我知道自己一點都不孤單。連紐約市的人口超過了八百六十萬，並有無數的餐館、酒吧、博物館、音樂會、運動賽事和市內所推出的其他活動，在這裡仍然容易感到孤獨。這是對世界各地的城市與國家都有所影響的問題，而且後果慘重。日本的人口預計將從一億兩千七百萬人降至二〇六〇年的八千七百萬人。[21]成因是結婚人數變少，起源則是人沒有足夠的人性接觸，而是依賴科技來從事「交際」。在法國，雖然平均週工時不到四十小時，而且員工享有五週的保證休假，但政府制訂了「離線權」的法律，允許工作者在工作日一結束就把裝置給關機。[22]在發現英國有超過九百萬人總是或經常感到孤獨後，首相德蕾莎．梅伊（Theresa May）任命了孤獨部長來應對問題。[23]

工作孤立加上對科技過度使用和成癮催生出了我所謂的「體驗復興」（experience renaissance），亦即人刻意設法與他人一同度過時光和做事。哈里斯集團（Harris Group）近期的研究發現，七二%的年輕工作者偏好把較多的錢花在體驗上，而不是物質事項上。[24]在節慶、成人日間營、瑜伽靜修、團體旅行和晚餐中，人都在尋求體驗，藉此建立本身所渴求和缺少的連結。儘管有此復興，一般的美國人一天仍只花三十分鐘在面對面的交際溝通上，相較之下，看電視則是三小時。[25]如此缺乏社會連結所影響的不僅是我們的工作體驗，還有我們的生存。在審視了參與者多達三十萬八千八百四十九人的一百四十八項研究後，猶他州楊百翰大學的心理學家茱莉安．霍特－朗斯達（Julianne Holt-Lunstad）發現，長壽、健康生活的最強預測因子是社會整合，或是我們一整天下來與人互動多少。[26]

本書是極為個人的書。身為像各位這樣的年輕領導人，我拚命要在事業生活和私生活之間維持平衡。我從在《財星》兩百大公司的團隊裡工作到當起「個人創業家」，到再次進入另一家事業的團隊，我知道自己的罪過在於過度使用科技和簡訊，而沒有拿起電話。在整趟旅程中，我都感到孤獨、鬱悶和畏懼。儘管如此，我學到了要怎麼利用科技來促進更多的親自連結，並知道這些關係的價值和要怎麼把它最大化。

在為了拍我這一代的紀錄片而接受訪問的三小時期間，我有好幾次被問到我們所面臨的最大挑戰。有很多人或許會說是全球暖化、恐怖主義或學貸危機，我卻說是孤立。其他那些課題無疑極為令人擔憂，但比起我們對生活所做的日常決定，它們十之八九不在我們的立即掌控內。我的目標是要針對員工關係的重要性來發起全球運動，並啟動程序來把職場變成對所有人都更好的體驗。

《低歸屬感世代》的重點是要幫助各位決定，要在什麼時候及如何在工作生活中適當運用科技來建立更好的連結。我親眼見識過科技是如何讓我能打造出網絡，並建立起我從來沒想過的事業。我也看過其中一些同樣的科技是如何阻止了我去建立更深厚的關係，並干擾我去活在當下。在我為本書訪問數十位顯赫領導人的期間，他們重申科技是雙刃劍。《低歸屬感世代》就是在因應對情緒的隱藏需求，以使我們多點人性和少點機器，靠的不是徹底揚棄科技，而是解釋要怎麼用它來推進我們的職涯。

我的個人使命是要協助各位歷經職涯的整個生命週期，從大學到高層管理。我的第一本書《創新的我》（*Me 2.0*）是在幫助各位找到大學畢業後的第一份工作，第二本書《推銷自己》（*Promote Yourself*）則是在各位從第一份工作到管理角色的晉升之路上給予支持。我這本書特別是為了下一代的領導人而寫。我會帶各位把需要做的每件事都走一遍，以打造出讓隊友感受到真切連結與投入的職場。本書會幫助各位精通自我連結，提升團隊連結，並建立組織連結。這麼做會幫助各位成為組織迫切需要的領導人，同時為各位和所有連結的人帶來更大的圓滿。

我的目標是要為職場重拾一些理智。我們每週平均花四十七小時工作，而且拜所有的裝置之賜，感覺起來就像隨時都在上班。[27] 由於我們的生活有這麼多時間耗在工作上，所以改善與團隊的關係並打造信任的文化絕對是至關重要。

《低歸屬感世代》是設計來幫助各位成為更稱職的領導人，靠的是在科技吃重的職場內打造有意義的連結。在整本書裡，各位會學到員工投入的四個因素（快樂、歸屬、目的和信任）能怎麼用來扶植更健全與更有成效的工作文化。各章所聚焦的重要主題都會衝擊到我們的工作生活。我首先會把問題辨認出來，然後往下以實用的解方來因應這個問題。各位會學到要怎麼與團隊形成更好的互動，要如何和在什麼時候運用科技（以及在什麼時候不用），可採取哪些特定的步驟來促進與他們更深厚、更有效和更人性的關係。我們目前所體驗到的企業文化必須改變，而本書會向各位說明，到底需要做什麼，在工作上才會更有成效和圓滿。

為各位的成功乾一杯！

做工作連結指數（WCI）評估

它是在度量什麼、如何運作、要怎麼做？

本書的目的是要幫助你跟隊友建立起更強固的關係，以便能成為更稱職的領導人，並有更圓滿的工作體驗。人很容易陷入日常的營業挑戰中，而忽略掉與同僚培育更深厚關係的重要差事。我們會對本身的團隊連結沒有自覺，是因為我們視之為理所當然，然而它卻是成功之必需。

基於這個理由，我和喬治梅森大學商學院的管理學副教授凱文．羅克曼（Kevin Rockmann）博士著手制訂了工作連結指數（WCI），以自我評估來度量在工作上的關係強度。你和整個團隊應該拿它來度量彼此的連結度，以便能一起來增進這層連結。連結度較強的團隊會比較投入，表現比較好，並對組織的未來比較用心。

評等的基準在於對社會連結的個人需求、實際上的連結，以及工作上的關係強度。評估完成後，就會得到下列其中一項評等：

- **強度連結。**連結需求普遍獲得滿足，因為團隊裡的人給了你足夠的個人互動與關注。
- **中等連結。**連結需求多半獲得滿足。由於對社會連結的個人需求不太可能改變，所以你或許會想要緊盯自己在工作上所得到的社會接觸有多少，以便能不斷改善關係。
- **貧乏連結。**你需要的連結比在工作上得到的要多。以需求來看，你很可能會覺得受到同僚孤立。
- **薄弱連結。**連結需求比你在工作上得到的要大得多，應該加倍努力來改善這些連結。

把這項評估做完後，你會更覺察到自己與目前所共事的人有多少連結或多麼孤立。身為能把這項評估套用到隊友身上的團隊領導人，你可以把比較有可能因為孤立和孤獨而請辭的員工給辨認出來。你也可以隨著時間重複評估，以追蹤改善情形。得到貧乏連結或薄弱的評等也不用擔心，在《低歸屬感世代》的歷程中，你會學到許多策略來幫助你改善工作關係！

現在就上 **WorkConnectivityIndex.com** 來做評估。

第一部

精通自我連結

Chapter 1
聚焦於圓滿

有鑑於你在人生中要花大量時間來謀生，
愛工作就是愛人生的一大部分。
——麥可・彭博（Michael Bloomberg）[1]

科技正在助燃孤獨。我是內向的創業家，有時候會窩在居家辦公室裡耗上太久，而沒有足夠的時間與他人互動。我固然認為孤立和獨處使我有機會充電，但我也留意到，當我孤單度過的時光太多時，我不但變得孤獨，而且下次身邊一有人，我就會覺得有點尷尬和說話結巴。這純粹是我的症狀。有很多研究人員研究過孤立對心智、認知能力和健康的效應。臨床心理學家伊恩・羅賓斯（Ian Robbins）發現，受測者在舊核掩體的隔音室裡孤立短短四十八小時，就會受到焦慮和偏執所苦，而且整體的心智功能都出現惡化。[2]社會心理學家克雷格・

哈恩尼（Craig Haney）曾研究受刑人與其他獄友孤立開來，在最高警戒監獄鵜鶘灣（Pelican Bay）的警戒拘留室（Security Housing Unit）裡度過時光。他們幾乎全都受到焦慮、緊張和心理創傷所苦。[3]另外，有很多研究指出，社會孤立和缺乏密友是年長者的一大健康風險。

各位對單獨監禁不見得能認可（希望是），但我們全都曾在某個時候感到孤立和孤單。而且隨著我們以FaceTime和其他的應用程式來取代碰面時間，它正變得愈來愈常見。科技，尤其是社群媒體正使我們更加孤立。匹茲堡大學的心理學家研究了一千七百八十七位年輕人，發現每天使用短短兩小時的社群媒體，社會孤立的風險就會倍增。[4]休士頓大學的研究人員針對臉書的使用者，看他們有多容易拿自己去跟他人比較，他們對其他人的貼文感覺如何，以及在瀏覽時有沒有體驗到鬱悶的症狀。研究結果發現在臉書上愈活躍，人就愈鬱悶。[5]

沒有人確切知道，使用社群媒體為什麼會跟鬱悶有所連結，但我有一套理論。當我們登入臉書查看朋友的更新時，表面上或許是為他們的成就喝采，或是為他們的新生兒感到興奮，但在骨子裡，卻會覺得自己一事無成。那是因為我們本身的成就再也不夠了。我們現在會覺得需要在社群媒體上超越他人並展示成功，以便在過程中把他人比下去。在網路上，我們成了自己最好的公關版本，但我卻逐漸相信，分享愈多的嬰兒照片，人會愈不快樂。他們是用嬰兒來掩蓋自己在職涯或婚姻中所遇到的課題。或許你朋友中就有人會這麼做，或者你自己也犯了同樣的罪過。近期的研究發現，只有六%的年輕人在社群媒體上所呈現的生活樣貌是全然真實，因為他們需要讓他人留下印象。[6]雖然有一些競爭算是健康，但社群網路擴大了我們對本身價值最深的不安全感。我們愈去查看自己的社群媒體動態，就愈是在拿自己的生活來跟他人比較。我們會覺得自己永遠都無法達標，並意會不到本身獨特的工作貢獻。

社群媒體正在傷害我們的福祉

使用社群媒體與科技還跟別的負面結果有關。蓋洛普訪問了超過五千人來調查臉書活動與現實世界交際活動的關聯，並發現使用臉書與福祉有負面關聯。[7]現在不要搞錯我的意思，即使我在數落臉書和其他的社群媒體平台，我仍是大粉絲。我的重點是，這些網路理當把我們更緊密地拉在一起，但除了使我們孤立和鬱悶，它們還對我們的福祉產生了負面衝擊，也改變了我們對於有意義的職涯與生活應該長得怎樣的看法。

這就帶出了我在本書通篇所提到的重點：隨著科技在我們的私生活和工作生活中變得愈來愈普及，而且以後更是如此，所以人際技巧將變得愈來愈重要。「做生意全都是在於關係，而建立關係的技巧永遠都不會自動化。」尼爾森（Nielsen）的人才行銷暨校友關係主任丹・克拉姆（Dan Klamm）說。「像傾聽技巧、同理心、化解衝突和後續追蹤這樣的事將比以往更加重要。科技和社群網路平台給了我們新的管道來點燃連結和維持關係，但真正建立與某人的信任連結則要靠一對一的溝通。」

四季酒店集團（Four Seasons Hotels and Resorts）的發展主任安德魯・米勒（Andrew Miele）相信，對年輕的專業人士來說，這或許是格外困難的挑戰。「把科技當成社會互動的媒介固然能跨越距離來把人連結起來，但長期來說卻可能是背道而馳。在行為上，從小就伴隨科技成長的世代或許會發現，要在職場上投入和聚焦比較吃力，而要建立有意義的工作關係或許又更吃力了。會受到未來的雇主高度青睞的很可能是在關注力和聚焦力較出色的人，以及那些在發想點子上展現出能力的人。」

固定與你互動的人會影響你的福祉、快樂和圓滿。當你以數位連結來取代情緒連結時，你就失去了臨場感和活著的感覺。每次你選擇發送訊息，而不是拿起電話或走幾步路到隔壁的辦公室時，你就錯過了與隊友在更深的層次上往來的機會。不要讓科技成為你的阻礙，而要讓它成為通往更多互動、喜悅和意義的路徑。

過勞正在抑制我們的圓滿

我們在工作上圓滿時，就會把正能量與快樂帶進私生活。我們是透過有意義的工作來尋求圓滿，以符合我們的價值，並支援身邊的人與社群。這代表勞動力目前正受到重大的過勞問題所苦。員工的工作時數變多，休假或其他的請休卻變少，而且沒有額外的補償。結果他們換工作就更頻繁，因為沒有忠誠的誘因。在與克羅諾斯（Kronos）的專題研究中，我們發現將近有三分之一的跳槽是由過勞所造成。[8]

在另一項研究中，這次是跟史泰博（Staples），我們發現有一半的員工在標準的工作日結束後，會在家裡做額外的工作。[9]經理人期望員工在晚上、週末、有時候甚至是休假時回覆電子郵件和電話。有近半數的員工覺得，在工作以外沒有足夠的時間來從事私人活動。不幸的是，他們的薪水並沒有反映出他們實際為工作所付出的、額外的大量時間。雪上加霜的是，薪資甚至趕不上通膨，企業的利潤卻在上升，使很多員工覺得受到不當對待、不受賞識和更加過勞。

我們還受到一些重大的健康課題所苦，而影響到生產力與福祉，並對圓滿造成了阻礙。過勞的副作用之一是缺乏睡眠，有超過三分之一的人睡不到七小時，而國民睡眠基金會（National Sleep Foundation）表示，大部分的人最少應該要睡到七小時。[10] 我們在營養上也不及格，現在有超過三分之二的工作者都超重或過胖。此事有部分可歸因於我們在辦公桌上單獨吃飯，而不是與同事共進午餐[11]，有部分則是過勞造成壓力升高，而常導致吃得太多。事實上，當我們請數千位員工指出工作績效的最大障礙時，有半數都說是壓力。[12] 當你焦慮、有壓力，並有積壓的案子需要完成時，就難以把工作搞定又健康。

心智健康也會影響我們的福祉和快樂。約有二〇%的員工受到心智疾病所苦，而且抗憂鬱藥物的用量在過去十年間飆升了四〇〇%。[13] 由於員工賺錢沒有變多，能存的錢就變少了，而使他們壓力更大。有三分之一的員工在應付家計開支上有困難，有五〇%積欠信用卡費，有四分之一則是在每月最低繳款金額上有困難。[14] 最後員工便覺得更孤立，因為他們常常未跟隊友形成深厚的關係，而且當他們換工作時，這些連結也會跟著流失，導致組織文化變弱。

為了完成這本書，未來職場與維珍脈動聯手，針對十個國家的兩千零五十二位員工和經理人做了全球工作連結研究（Global Work Connectivity Study）。[15]有三九%的參與者說，自己「有時候」、「經常」或「向來都」在工作上感到孤獨。意料之中的是，那些最有可能依賴科技來跟同僚溝通的較年輕世代比年長世代要來得孤獨（Z世代和千禧世代是四五%，對比X世代是三六%，嬰兒潮世代則是二九%）。

更好的福祉會改善投入度

員工顯然正面臨一些重大的挑戰；身為領導人，你的本分就是要盡其所能來支援他們，使他們能把關注力多集中在搞定工作上，而少在一切使他們有壓力的事情上。要做到這點，最好的辦法就是把他們的身心福祉列為優先。身為領導人，它就跟你聚焦於本身的福祉一樣重要。假如你不健康或快樂，員工就會受到你的情況所影響。不幸的是，有太多的組織（及其領導人）並未聚焦於身心福祉或把它列為優先。

這種輕忽的結果令人咋舌。福祉度低的工作者負擔高健康理賠成本的可能性是兩倍，在職表現拙劣的可能性是四倍，出現高度假性出席（亦即人在現場，卻因為生病或別的事而工作不力）的可能性是四十七倍，缺席的可能性是七倍，沒什麼意圖要追隨雇主的可能性是兩倍。[16]

你的公司所提供的福祉方案有哪幾種？我們的研究發現，有三六％提供了彈性工時，二四％提供了健康風險評估，二四％提供了健康飲食的選項。可悲的是，有超過四分之一的雇主絲毫沒提供任何福祉方案。

好消息是，總體來看，職場的福祉有所增長，有部分是因為它在財務上合情合理，但也是因為員工要求改變，並青睞把福祉擺在第一位的領導人和組織。要在職場上找到活動或站立式辦公桌、午睡或安靜的房間、內部健身房以及瑜伽或冥想課，近來已常見得多。公司已意會到，改善員工的福祉就能降低醫療費用和缺勤率，同時提高生產力和留才率。

員工在很久以前便得出了類似的結論。「假如有一件事是我不會犧牲，那就是我的健康。」資訊巴士軟體（TIBCO Software）資深行銷經理艾曼達．海莉（Amanda Healy）說。「我把練身體和福祉視為奢侈，而且是我在生活上拒絕放掉的奢侈。我每天都會主動排時間去跑步、重訓、騎自行車或上飛輪課。要是沒有排定這種私人時間，我就會無從保持理智（或與人相處愉快）。」

能把健身帶進生活和公司裡的方法數之不盡。無論是在飯店房間裡照著應用程式鍛鍊七分鐘，練跑二十英里，還是像漢威（Honeywell）資深主任凱雅．厄里克（Kiah Erlich）上一小時之久的拳擊課，練身體都是人照顧身體（和心智）健康的首要方法之一。有很多人會用心吃健康餐；有的會冥想；而包括明思力集團（MSLGROUP）的事業發展主任山姆．霍伊（Sam Howe）在內，有的則會張貼啟發人心的格言，使自己成天都能看到。搖克夏（Shake Shack）品牌行銷傳播主任蘿拉．以諾（Laura Enoch）每天早上都會跟先生來場立食早餐約會，Mic的資深製作人潔西卡．戈德伯格（Jessica Goldberg）則會寫感恩日誌。

你可以做什麼來讓員工有更多的機會健身？假如你需要點子的話，他們會很樂意告訴你。

更好的關係會促進更大的圓滿

在過去幾年間做大量的專題研究時，我學習到跟福祉一樣重要的是，對所有的工作者來說，最為優先的就是給薪公平。在現今的職場上，與同僚談自己賺多少錢不再是禁忌，而且上網就能輕鬆查詢薪等，以找出自己的薪酬是否公平。（公平是員工對領導人最重視的特點。[17]）人不分年齡、種族、性別、教育程度或居住國家，錢都會大大影響到他們要為怎樣的公司工作，會在那裡待多久，以及會表現多好。當給薪不公時，我們就會感到不滿、抱怨，並尋找新的工作機會。從事自由工作來維持生計（或是沒有為退休存錢）的全職工作者有這麼多，我並不怪他們聚焦於薪酬。但圓滿的生活不是只有錢。

拿過諾貝爾獎的心理學家丹尼爾．康納曼（Daniel Kahneman）發現，情緒福祉會隨著收入而上升，但只到我們賺到約七萬五千美元為止。在那之後，金錢會買到快樂的整個想法就多為幻想。[18] 雖然金錢對工作者很重要，而且你應該要加薪和發獎金，但光靠金錢對他們的整體福祉並沒有幫助。就長期福祉而言，你跟他人的關係是更好的指標。太過聚焦於金錢和太過盯著手機看會限制我們建立這些關係的能力。事實上，裝置在團隊內其實會導致較弱的關係，而建構出較強的關係對福祉的幫助要比金錢大得多。

在工作上與同僚的關係至關重要，不僅對員工（和你本身）的身心健康是如此，對組織的長期健全也是。「在非常強固的團隊中，真正的力量在於，人會獨立去了解自己必須做的工作並精益求精。」蒙特婁銀行（BMO）加拿大個人銀行數位體驗的負責人馬修．梅羅特拉（Mathew Mehrotra）說。「我認為這點的核心其實是領導人與團隊的深刻連結。我大有斬獲，因為這裡的領導人很用心，我認為他們的願景是對的願景，並衷心敬重他們的為人。而且在同樣的基礎上，我從團隊中所得到的要多得多。」

貝恩資本（Bain Capital）投資人關係資深合夥人里爾・雷德比（Leor Radbil）也對此表示認同。「跟眼前的同事有良好的關係極為有益。」他說。「第一，它使每天來上班變得愉快。更重要的是，友誼和熟悉會使一起工作比較容易。我向同儕尋求幫助很自在，他們來找我提問或徵詢建言也很自在。」西門子醫療（Siemens Healthineers）全球行銷經理費利佩・納瓦羅（Felipe Navarro）把這點歸結得相當好：「團隊表現良好的基礎在於信任，而信任只能靠關係來發展。」

假如你跟隊友建立起強固的關係，他們為你工作就會更賣力，並在你身邊待更久，而使你感到更圓滿——不僅是以老闆的身分，也是以人類的身分。在管理案子時，良好的關係會使瓶頸減到最少，並使來上班變得更愉快，連困難的課題無可避免出現時也是。聚焦於與隊友建立更強固的關係將有助於你使本身的需求圓滿，並有助於團隊使他們變得圓滿。

得到所需而感到圓滿

我們全都有基本的人性需求，必須滿足才會感到圓滿。假如去檢視亞伯拉罕・馬斯洛（Abraham Maslow）的需求階層，我們會看到在滿足生理和安全需求後，人就會聚焦於歸屬和愛。我們與同事和朋友的關係，比我們對自尊和自我實現的需求來得重要。「職場會使屬於基本人性需求的歸屬感大為圓滿。」百加得（Bacardi）下世代長妮姆・戴史瓦德（Nim De Swardt）說。「人員與我共事的素質和工作帶給我真正的意義就是我存在的核心。」

不過曾幾何時，順序卻調換了過來。我們跳過了關係，而聚焦於使自己感覺良好（自尊）以及在職涯中出人頭地（自我實現）。例如你或許決定繼續做另一件你相信對自己的職涯會比較有幫助的案子，而不是在其中一位員工的案子上幫忙。實情是，在員工的案子上幫忙既會加強你們的關係，又會滿足你們對歸屬的共同需求。這會使你的心智狀態受惠，繼而使你更有成效和快樂。此外，同事更有可能會為你工作得更賣力。

在我訪問 Google 前人力營運資深副總裁拉斯洛・柏克（Laszlo Bock）的期間，我問他為什麼員工會在公司待下來。「最大的單一原因是因為其他人。他們覺得周遭都是好奇又有趣並想要大大衝擊世界的人。」他說。我們需要的並不是點心、撞球桌、免費啤酒、食物或無人駕駛車，而是人。我們與同事的關係將使我們在公司待得更久，並且更圓滿。隊友可以幫助你解決問題，做你沒有時間做的工作，且當你的朋友，假如你肯的話。維珍脈動總裁暨醫療長拉吉夫．庫馬爾（Rajiv Kumar）告訴我，在工作上有好朋友是必需。「比方說你正在做的事沒有照著你的意思走，你跟認識的人互動糟糕，或者你正在嘗試的事搞砸了。假如你在工作上有真正的密友可以拉你一把，使那個工作日變成比較正面的一天，那就會不同凡響。」

在現今的職業界，靠著幫忙同事來改善福祉，成功的領導人也改善了自己的福祉。在超過五百萬人的研究中，蓋洛普發現，那些在工作上有摯友的人對工作比較投入的可能性是七倍，會比較有成效以及比較創新。然而，在工作上有摯友的員工卻不到三分之一。[19]我先前提過，我們花在工作上的時間量很誇張，犧牲掉的則是私生活。

說到底，不分年齡、性別或族群背景，我們全都共有的基本人性需求是，要與他人深刻連結、感受被愛和事關緊要。滿足了這些需求，我們就會更快樂、更圓滿，從而在團隊中更有成效與成功。擔任領導人就是要為自己和團隊創造圓滿，而當你做到時，真正的魔法就會在工作上發生。

隨堂測驗：到目前為止，我在本章裡至少用了十幾次圓滿這個詞或某種變體。它是那種看似容易定義的詞，但對不同的人來說，可能是指迥然不同的事，尤其是在談工作上的圓滿時。對你來說，它指的是什麼？我來舉幾個例子，看其他人是怎麼說。

《大西洋》（*The Atlantic*）的資深編輯德瑞克・湯普森（Derek Thompson）說，他的圓滿「不是活在成就感裡，而是處在學習去愛上過程的過程中」。藍多湖公司（Land O'Lakes, Inc.）電子商務、行動和新興科技經理山姆・韋歐雷特（Sam Violette）說，「莫過於公司或同事受到正面、可觀、有形的衝擊所帶來的滿意度」。愛迪達（Adidas）全球大學（Global University）資深專案經理吳薇琪（Vicki Ng）需要的是持續成長和學習。維珍脈動醫療長拉吉夫・庫馬爾需要的則是智識上的挑戰。對佳思珀（Casper）執行長菲利普・克里姆（Philip Krim）來說，它是與聰明、投入、有同理心的人共事。羅西・培瑞斯（Rosie Perez）在美國運通（American Express）的事業規畫中是全球消費者服務的財務長，當組織裡的人在職涯上成功時，她就會感到最圓滿。「我最振奮的時候就是，為我工作的人完成了大案子，提報精彩，或是找到了很棒的新角色。」她說。

／從聚焦於本身的圓滿開始／

當你在工作上圓滿時，離達成人生目標就會愈接近。這是你持續發展自我和做出改善的旅程。每次我們試著要與他人競爭或拿自己來比較時，本身的福祉就會走樣。假如你看到某一位朋友在臉書上分享要開公司，那並不代表你就該辭職來追隨他的腳步。他是依照會使自己感到圓滿的因素來形成這個決定。會使你圓滿的因素則八成不一樣。

圓滿有件很酷的事在於，它極為私人。雖然你需要團隊的輔助來完成目標，但終歸來說，你才是要為本身的圓滿來負責的人。好處在於，當你感到圓滿時，你自然就會對所做的事有正面的態度和較為清楚的方向。

定義本身的圓滿

回答下列問題來幫忙定義本身的圓滿：

- 你做什麼會最享受？

- 你過去的成就點出了你的什麼長處？
- 你的核心價值（亦即探險、挑戰、貢獻、尊重）是什麼？
- 什麼會引發你最正面的感受和情緒？你設想自己將來會在哪裡，為什麼？

對於知名人士是如何定義本身的圓滿，以下是幾個例子：

- 瑪雅．安吉羅：「成功就是喜歡自己，喜歡自己做的事，喜歡自己對它的做法。」
- 李察．布蘭森：「你愈是主動和實際投入，就會覺得愈成功。」
- 狄帕克．喬布拉：「快樂不斷擴展，有價值的目標逐步實現。」

／其次要支援團隊的圓滿／

當你在飛機上，機組人員在做行前安全示範時，他們向來都會說：「假如您是跟小孩或需要協助的人同行，要先把自己的面罩戴好，再去協助對方。」同樣地，以福祉來說，等到對本身的需求有了信心，你就可以並且應該成為團隊的榜樣。研究顯示，福祉會傳染，代表假如你的福祉度高，你的正面狀態就會感染到同僚。[20]

身為領導人，你的獨特職位就是要確保員工的需求得到滿足，並鼓勵他們加入公司所提供的任何健身相關方案。但在能做到這點前，你需要去了解這些需求究竟是什麼。而且這要從一對一的交談做起。「在很多時候，要幫助隊友達到目標，最簡單的方法就是先去問他們的目標是什麼。」臉書的績效管理負責人費維克．拉沃（Vivek Raval）說。「人很容易根據對方的職位和自行認定他們的處境來假定人員的目標，可是當你聽到他們親口說出的回答有多形形色色時，我總是會感到很訝異。」

關於圓滿的交談範例

你：我想花點時間來跟你談談你的目標，以及我能做什麼來幫助你達到。

隊友：我想當上這家公司的行銷主管，而且能像我父母那樣，到六十歲就退休。

你：那很棒！我們來研擬發展計畫，看你在這裡能怎麼升官並賺到更多錢，好讓你能在想要的時候退休。我們就每星期一聚在一起，好讓我能輔導你。我也會開始給你新的案子，以幫助你在這裡得到更高的能見度和肯定。

隊友：謝謝你的支持。我會寄行事曆邀請給你，這樣我們就能把那些輔導研討給定下來。

個人圓滿的五點特徵

變得圓滿既不簡單，也不容易。你有好幾個關鍵因素需要聚焦，以確保自己所過的日子快樂、均衡又有意義。

我們來把圓滿的這五個層面挖掘得更深入一點。

連結。與隊友的連結強固會使工作更有意義和愉快。少了它則會使工作變得像是件苦差事，並形成消滅創意與創新的孤島。要創造連結，你可以鼓勵隊友彼此支援。這代表要確保你們有更多面對面的交談和共同的交際活動，以便能更加互相認識。

價值。假如你的價值之一是真誠，那就要在團隊中打造並支持透明與誠實的文化。要抱持著開放心態去分享個人的資訊，或是與資深主管的交談摘要。這會展現出你的真心，而且有助於建立信任。價值會反映在行動上，所以你展現得愈多，就會愈把它內化。

目的。費心去想想你至今為止的個人故事，以及形成決定時所連結的思路。我的人生目的是要幫助我這一代整個職涯的生命週期，從學生到執行長。我的每個決定都必須以符合這個目的的方式來使我走在正確的軌道上。

開放。有很多人都畏懼改變，因為它往往是不可預測的。但身為領導人，你需要開放以對。你在招募新隊友時，尋找相異要多過相似。而在現有的團隊中，開放則代表要會見並納入多元背景與世界觀的新人。不要隱瞞公司的祕密，而要向團隊吐露，這樣就能建立信任。開放也是指要把真實的感受表達出來，不要有所保留。假如有事困擾你，那就跟團隊成員分享，這樣他們就會變得對你更開放，並更加了解你。

成就。這不但是我們渴望的東西，也是我們把事情完成時會有的情緒感受。假如你想要更有成就，那就訂下更多目標，並確定它達得到。較小的目標可以帶來較大的目標，而在不同的時候帶給你不同程度的成就。

這五點特徵會直接衝擊到你的工作體驗、健康和福祉。假如自己不圓滿，你也無法幫助隊友圓滿。為了評估自己在這些特徵的各點上表現得好不好，填寫下列的成績單，並以「是」或「否」來回答各題。然後把「是」全部加起來。

圓滿成績單	
我覺得生活缺乏真正的意義。	
我會定期覺得工作無聊而沒有挑戰性。	
我常在案子之間跳來跳去而沒有明確的方向感。	
我的核心價值和工作沒有連結。	
我感到孤立且和隊友疏遠。	
我鮮少在會議上發言，因為怕被打回票。	
我在財務上有困難並影響到工作。	
我沒有信心能改善現有的工作處境。	
總計	

假如你的「是」不到五個，那就是福祉和圓滿感很強。你有信任的關係，能把事情搞定，而且心智健康。假如有五個以上，你就需要跟團隊有更多的信任和深厚關係，並需要多加思考什麼才會為人生帶來意義與自豪。

了解到自己的圓滿程度後，就可以準備好進行未來的規畫，以便能提升五點圓滿特徵。來看下表。在「現行」欄中，依照你做得有多好來為特徵排序。接著在「優先」欄中，依照你最需要改進的是什麼來排序。

個人圓滿的特徵	現行	優先
連結：有支援關係。		
價值：使工作符合個人的核心信念。		
目的：清楚什麼會為人生帶來意義。		
開放：適應人、處境和變化的能力。		
成就：完成任務並達成目標。		

停止讓科技使你的圓滿走樣

科技裝置唬得我們以為，它是在幫助我們連結他人，但現實中，它卻是折損和削弱關係的障礙。我看過辦公室裡的同事離三英尺卻互傳簡訊。我們這麼做時，就會錯失緊鄰他人所形成的肢體語言、情緒和強度。「人很容易迷失並躲藏在即時訊息、電子郵件和線上平台背後。」維珍的拉吉夫．庫馬爾說。「但真正的連結只有在我們拿起電話或親自去會見某人時才會發生。最終來說，這是我們可以在工作上成功並在工作上感到圓滿的唯一方式。」假如你放下手機，朝某人邁出幾大步，問題解決起來就能快上許多。

科技也使價值更難表達出來，因為人在解讀訊息和電話時，會有別於親自交流。比方說你很重視愛心。假如你有一位隊友過得不順，發送表情符號或許是表達關心的方式，但事實上，以表達價值並向他人展現出你的感受來說，基本、面對面、人性的互動無可替代。

科技也可能會對我們的目的造成阻礙。例如當我們花很多時間去看其他人的社群媒體更新時，往往就會拿自己來跟他們比較，而觸發天生的競爭本能。由於很多人在社群媒體上會誇大自己的成就，去看它反而會使我們感到一事無成。這可能會導致我們重新思考自己的目標和目的（即使並不需要重新思考），或是拿別人的來用。Instagram 的工程經理丹尼爾．金（Daniel Kim）提出了有趣的論點。「社群媒體使我們跟同事維持鬆散的連結變得容易許多。」他告訴我。「不過，如果要建立深厚、有意義的關係，並轉化為延續一輩子的友誼，還是要靠雙方的意向和努力。總體而言，我會說科技使我得以跟同事維持較多鬆散的連結，但在對我真正有意義的工作關係上，科技並未衝擊到它的數量或深度。」

科技可以幫助我們更加適應環境中的變化，並連結多元與分散的勞動力，但它也可能會鼓勵我們聚焦於同一類的人，而使我們眼界更狹隘。我們追蹤的全都是朋友和朋友的朋友。在我們加入的線上群組裡，眾人都有相似的興趣和目標。導致我們不會觸及體驗不同和觀點對立的人。

我們的世界觀為我們的思維、信念和行動提供了框架。它是我們所觸及每件事和所得到每次體驗的產物，從最早的童年一路到成年生活。我們花了愈來愈多的時間上網去吸收新聞、資訊和想法，而衝擊到我們的認知能力、道德與行為。不管是從新聞網站、應用程式還是社群媒體，靠上網來獲知新聞的美國人幾乎就跟靠看電視的一樣多（四三％對比五〇％）。[21]在社群媒體上，我們刻意去追蹤新聞頻道和名人，卻不經意就接收了演算法所寄來的建議。

我們會有目的地去搜尋印證本身信念的資訊，所接收的新聞報導卻是看社群媒體網站想要我們知道什麼。在分析民眾從二〇一〇到二〇一四年在臉書上所討論話題的資料時，來自義大利多家機構和波士頓大學的研究人員下結論說，我們會去找出資訊來增強自己的看法，接受它是真的，然後加以分享。[22]這種不經意造成眼界狹隘的習慣會使我們活在同溫層，並降低我們擁抱多元想法或對他人發揮同理心的能力。這就是為什麼我們需要去覺察科技是如何影響我們的意見，並對其他的觀點抱持開放。首先你可以去追蹤和你不同政治或社會看法的人或媒體。這起初或許會使你不自在，但藉由讓自己對其他的意見敞開心胸，你在職場內外將變得更面面俱到、更有見地，並對他人抱持開放。

如何發現什麼會使你感到圓滿

找到本身的圓滿是崇高且壯闊的追尋。但重要的是，要了解到自己絕不會一直感到圓滿，而且八成無法在生活的方方面面一次達到圓滿。邁向圓滿的旅程是起自辨認出自己究竟要往哪裡去。而要做到這點，唯一的辦法就是去實驗、反思，並沿路取得回饋。我花了好多年才弄清楚，什麼會使我圓滿、我擅長什麼，以及我的周遭需要有誰，好讓他們的長處可以平衡我的短處。

每當我在與那些感到迷失並需要方向的人談話時，我向來都建議他們多去嘗試。你做得愈多，就愈能意會到自己不想要做什麼，以及自己很享受什麼。等你找到了所享受的活動，就能對它投注較多的時間。

每當在嘗試新的活動、案子或差事時，去想想它讓你的內外在感覺如何；假如在做某件事情時，你是容光煥發並覺得很嗨，那大腦和身體就是在暗示你，你應該要更常做這件事，而且它或許會帶來較圓滿的職涯。圓滿常常是建立在對你的隊友有所助益。想想你是如何在充實他們的生活和滿足他們的需求。幫助他人會讓你更加體會到本身的目的、路徑和目標。

如何幫助團隊發現什麼會使他們圓滿

1. 從個人的層次上去認識同僚。你愈了解他們的獨特處境、人生目標、愛好、畏懼和障礙，就愈能幫助他們。當你認識「真正」的他們時，你會更欣賞他們，並且更容易與他們建構出長期的羈絆。各位要知道，在維珍脈動的研究中，只有二〇%的員工對目前在職感到圓滿。[23]什麼會使他們感到更圓滿？三一%說是更大的彈性，二九%說是有意義的工作，二六%則說是有支援團隊。
2. 去傾聽員工說什麼，而不要打岔。這是在表示尊重，並將有助於你更妥善去解決他們的問題。它也是在展現，你願意與他們的想法、思維和感受往來。等他們一講完，就把他們說了什麼加以總結，好讓自己能確定，你聽到的就是他們實際上所指的意思。
3. 與隊友劃出使用科技的界限。除非你已經跟他們建立了私人連結，否則同事不會想要被加進社群媒體裡。
4. 把對員工的圓滿造成阻礙的障礙排除掉。團隊的成功有一個常遭到忽略的障礙在於，隊友表現不佳或態度糟糕。當員工對團隊的士氣造成了負面衝擊並阻止他人達成目標時，把他們開除遠遠好過留下他們，不該任由他們去危害團隊的其他人。

5. 與員工寒暄，問他們過得如何，以及是否覺得自己正走在對的道路上。這牽涉到持續召開發展會議來指點和引導他們，給予訓練和鼓勵，好讓他們在生活和職涯中成功。
6. 對團隊賦予更多責任。確保他們覺得有挑戰性，並有助於他們搞清楚，自己確實喜歡和不喜歡以及擅長什麼。
7. 肯定隊友，看到他們的正面特質。人都想要從正面的角度來看待自己，你的回饋能把他們引導到更圓滿的職涯上。

用交談來改善團隊的福祉

當隊友感到彼此連結、受尊重和安全時，就比較有可能在公司待下來，創造正面的能量，並吸引新的隊友。你會想要創造安全的環境來讓隊友分享各方面時感到自在，包括自己是誰、需求是什麼和未來的目標是什麼。更進一步來說，幫助他們達成目標很重要，假如你期待他們對你比照辦理的話。你在這麼做時，要考慮到科技所扮演的角色，以及它是如何使你比較容易跟隊友疏遠，尤其是那些遠距工作的人。「我領導的是科技事業，然而有的時候，我在職場上卻受不了科技。」漢威的資深主任凱雅．厄里克說。「電子郵件、即時訊息、行動電話、電話會議——假如沒有固定面對面開會，這些全都是故障點。」親自會面或最起碼的視訊會議是必需。若非如此，員工就很容易對自己所貢獻的事感到不安，或是覺得被打回票、遭到誤解或不受尊重。

我提供了一些交談範例來幫助各位更了解，要怎麼針對福祉來處理這些至關重要的交談。

交談A

你：跟我談談在過去一年間，你在這個團隊裡工作的體驗。

隊友：我覺得得到了公平的薪資，並且真的熱愛工作，但我跟團隊成員的關係並不強。我覺得跟他們疏遠，可能因為我是遠距工作。我沒有親自見過他們，而它就是不一樣。

你：我建議你至少一週進辦公室一次，我們會排定會議，使你能跟團隊的其他人互動。我們也會每個月舉辦團隊的交際活動，使你能在比較個人的層次上來認識他們。

交談B

你：團隊正在重組，我要為每個人分配新角色。會有的角色包括電子郵件行銷、社群媒體和行動開發。我認為你是我們的社群媒體專家。

隊友：我想我對電子郵件行銷的角色比較擅長。我連臉書的帳號都沒有。

你：我知道這樣的改變對你來說很吃力，對所有的人來說也是。拿你所寫過的一些電子郵件或做過的文宣來舉例給我看看。

交談C

隊友：我很感激你把這個案子分配給我，但它的意義在哪？

你：這不是搶手的案子，但會衝擊到其他很多人，也能給我機會來實際評估你。我會更有概念你是怎麼工作，以及將來該分配什麼案子給你。

這些交談的目標是要幫助員工變得更圓滿，並改善他們的福祉。在交談 A 中，你是在向隊友表示，你了解他的疑慮，並會用心來幫助他改善。問隊友感受如何，然後對眼前的課題加以解決，是在表示你的尊重和關心。在交談B中，你所聚焦的是適應變化的重要技能，以及它會如何帶來個人的圓滿。你會訝異的是，組織重組和角色改變有多常出現。對於即將安排的三個新職位，你想要確保各個都是由最適當的人選來出任。雖然你或許認為，隊友跟社群媒體的角色會十分契合，但他不見得這麼想。針對他有適切的技能來要求進一步的證據，讓那位隊友有機會證明，他在這個角色上可以成功。在交談C中，你對於案子為什麼重要的解釋將有助於隊友更加了解它的分量，以及他將扮演使它成功的角色。在所有的交談中，你都必須傾聽隊友的需求，然後可能的話，弄清楚要怎麼加以滿足。有時候除非直接問，否則你不會知道這些需求是什麼。

擁抱工作－生活融合

如果要更圓滿，並對本身（和團隊）的福祉產生更深的體會，你就需要轉換心態。我在《財星》兩百大公司做全職工作時，大部分的員工早就一週工作超過四十小時了。我在訪問現為前任的人資負責人時，他說了件我永遠都記得的事：「工作與生活的界線很模糊。所以我們必須確定人員在職時可以做私事，因為我知道他們下了班也在做工作上的事。」他說完這點後，我對於工作－生活平衡的整體看法就改變了。十年後，與我一同坐下來的李察・布蘭森增強了這個新的現實。「某人的居家生活和某人的工作生活間不應有差別。假如你在居家時覺得環境很重要，那它在職場上就應該重要。假如你在居家時有朋友，那在職場上就該有同等數目的朋友。」[24]

事實在於，工作－生活平衡是個迷思，有很大的部分是因為，這個說法本身暗示了人生只有工作與生活這兩個組件，兩者是分隔開來的，而且我們會分給它們同等的時間。「同等平衡不算完美，而且我相信，我們愈試著去創造平衡，給自己增添的壓力就愈大，反而會隨著時間創造出另一種不平衡的處境。」美國西部的 Oath 是威訊（Verizon）旗下的公司，它的廣告主需求平台負責人賈斯汀・奧金（Justin Orkin）說。從辦公室回家和拔掉插頭的日子結束了。我們現在是活在全年無休、隨時連線的營業環境中。你離開辦公室或是去休假時，公司並不會停止運作。

這就是為什麼我偏好去思考的不是工作－生活平衡，而是工作－生活融合。它會在生活的方方面面創造出更多的綜效，並讓我們去掌控時間要怎麼分配。換句話說，它是把你在個人與專業上的兩種行事融為一體的能力，好讓你在兩方面都成功。臨床心理學家瑪麗亞．席華（Maria Sirois）說，工作－生活融合會帶來較少的壓力與較多的圓滿。[25]我在跟康寶濃湯公司（Campbell Soup Company）執行長丹妮絲．莫里森（Denise Morrison）談話時，她坦承達成完美的平衡並非向來都有可能。「我向來都是從工作－生活融合來切入。你可以全都做到，只不過並非一次全部到位。居家的優先事項和職涯的優先事項是有可能融合的。」

身為領導人，你需要支援那些在工作時需要有私人時間可用、必須打電話給年邁父母或需要在早上請假去陪孩子的員工。反過來說，他們則需要用心把工作搞定，即使那是在半夜、大清早或週末。工作－生活融合有賴於取捨。「我堅信假如你想要進步、成長並坐上責任重大的高階職位，工作與生活就絕不會真的分開。」湯森路透（Thomson Reuters）早期職涯的人才與發展副總裁伊洛娜．尤爾克維茲（Ilona Jurkiewicz）說。「我反而是把兩者視為共生的關係。假如我需要在白天抽空去處理私事，我就會去做。假如我需要加班幾個晚上，那我就會把個人的需求擱置下來去做那件事。」

加強工作－生活融合的三個祕訣

1. 尊重界限。認識自己的界限，並以此來和團隊成員溝通，同時也對他們的加以認識和接受。

假如你在午餐時間需要空間來反思自己的生活，或是每天早上需要送孩子上學，那就公開跟團隊講。在此同時，問問他們的界限在哪，這樣你就知道什麼話題是禁忌，他們有什麼個人需求，或者他們在工作日期間會需要處理什麼事。「界限會比較不清楚，因為我到哪都把手機帶在身上，隨時都聯絡得上。」出租時尚（Rent the Runway）共同創辦人暨事業發展負責人珍妮佛・福萊斯（Jennifer Fleiss）說。「一方面，這可以增進在家工作或離開辦公室並在事後把工作給搞定的效率和能力。另一方面，我則需要以有意識的努力來聚焦在子女身上，而不是隨時都受到干擾！」對學樂（Scholastic）的科技副總裁史黛芬妮・畢克斯勒（Stephanie Bixler）來說，界限則非常明確。「我的目標是，每天至少陪女兒兩小時——工作前三十分鐘，回家後和她就寢前一個半小時。」她告訴我。「我想要跟女兒共度時光，但它不光是『想要』，更是『需要』，因為我請的托育只能顧到上班時段這個期間。」

2.管控裝置。當你需要斷開工作時，就在當天的固定時段把手機關閉，以藉此管控科技。在我們的社會中，把手機關閉是下班的確切信號。它開工時，你就開工。這並不容易，但首先要試著在跟同僚共進午餐或下班回家時把裝置關閉。在某個時候，你或許會想要在工作與私人間劃清界線。愛迪達的吳薇琪去休假時，會真的把手機裡的電子郵件應用程式給刪掉，並要人員假如有急事就發簡訊給她。就個人而言，我可不確定自己夠勇敢到會這麼做！

3.自訂時程。找出對你管用並會讓你圓滿的時程。假如你在早上會把工作做得最好，那就早點到辦公室並早點離開。假如某一位同事有同感，那就給他同樣的彈性時程選項。團隊成員要負責為公司做出成績，而凡是有助於他們完成這個目標的事，你都應該支持。

聚焦於圓滿的關鍵要點

1. **聚焦於關係而非成就**。你跟團隊的關係愈強，能達成的事就愈多。以我們的生活需求來說，我們一週至少要跟同事相處四十小時，與他們有強固而深厚的關係遠比我們完成了什麼來得重要。假如聯繫薄弱，要搞定任何事或達成我們和他們的目標就會比較難。
2. **辨認出什麼會使你在工作上感到圓滿，並與團隊成員一對一交談，以得知什麼會使他們感到圓滿**。你的需求要與團隊相符，這樣才能幫助他們達成他們的目標，而不只是你的。這些對圓滿的討論會使人想要為你工作更久，因為你證明了自己對他們的成功很上心。
3. **力求工作－生活融合，而不是平衡**。想想你在工作和私生活上想要完成的最重要活動，然後以此來架構日子。

Chapter 2

優化生產力

假如付出普通的努力，你就會得到普通的成果。
假如付出非凡的努力，你就會得到非凡的成果。
——史帝夫．哈維（Steve Harvey）[1]

我們配備了繁雜的裝置和應用程式，表面上使我們覺得更有成效，並且像是專業的多工人士。然而在背後，儘管許諾了所有正面的結局，這些裝置卻干擾著我們，枯竭我們的生產力，並把創意從我們的心智中啃食得一乾二淨。在過去十年中，公司徵才的速度變慢，並整併了團隊，然而創新與競爭的壓力卻在加速。「以更少做更多」的口號成了世界各地公司的主流理念。員工受到壓力要同時變得更有成效和更有效率，現在卻變得適得其反。員工過勞、不快樂，並厭倦工作更久與更賣力之下卻沒有額外的薪水，私人時間也變少，導致他們更快換工作。在一項研究中，我們發現所有的跳槽有近半數是因為過勞，而每筆流失都會在醫療相關開支、生產力損失、徵才和填補空缺的訓練上花掉雇主數千美元。[2] 用連線裝置來把資源最大化看起來也許是好主意，但這麼做的後果卻是一塌糊塗。

如今文字訊息和電子郵件正與人性連結相互爭奪我們的時間，並由科技大獲全勝。有多項研究顯示，普通的上班族每天所收到的電子郵件超過了一百封。我們老是抱怨受到電話和不時有人造訪辦公室所干擾，但比起透過裝置所收到為數荒謬的訊息，這些都不算什麼。我們所收到的訊息愈多，瀏覽和回覆起來就愈久。不幸的是，一天還是只有二十四小時。我們唯一可以管控的事就是，時間要怎麼用。

使用這些工具所得到的過度刺激使我們的認知能力沒有被充分利用，而它將影響到工作上的生產力。當你不停聽到（和感受到）手機的提醒時，你就會激動和興奮起來，而對工作心不在焉，並聚焦在其他或許比較不重要的事情上。加州大學爾灣分校的教授葛洛莉亞・馬克（Gloria Mark）說，這些通知正損害我們專注在個人任務上的能力。從二〇〇四年以來，她就以碼錶追蹤員工，並為他們的行動計時。在研究的初期，她發現他們的關注度每三分鐘就會轉移。到二〇一二年時，它是一分鐘出頭，而到二〇一四年時，則是一分鐘不到。[3] 裝置創造出來本是為了服務我們，我們卻成了它的奴隸，而且這使得我們對職場內外的重要事項失焦。

即使這些工具使人容易去管理行事曆，追蹤任務，並快速發送訊息給同僚，但我們也被通知疲勞轟炸到對時間失去了掌握，導致一天很快就結束了。坦承在工作日期間受到干擾的員工幾近百分之百，[4] 而這些打岔有將近六成都牽涉到某種通訊裝置。[5] 在個人層次上與身為領導人，這對你應該都事關緊要，因為這些打岔全部加起來，每年平均要花掉公司超過一千萬美元，或是每位員工一萬美元出頭。靠著排除干擾和一次對一件任務保持聚焦，我們在工作上就能更沒壓力、更有成效與更快樂。

身為領導人，你應該鼓勵員工多花時間親自去互動，而少花時間靠科技來溝通。研究人員瑪迪・羅甘尼查德（Mahdi Roghanizad）和凡妮莎・博恩斯（Vanessa Bohns）要求四十五位參與者各請十位陌生人來完成調查。[6] 各參與者都必須用一貫的腳本來提出同樣的請求，但有一半是透過電子郵件來做，另一半則是面對面來做。在開始提出請求前，參與者必須預測有多少陌生人會同意來做完調查。兩組都估計，洽詢的十人當中約有半數會同意來做調查。結果大家都錯了。那到頭來是如何呢？以面對面請求來讓人填寫調查的成功率是電子郵件請求的三十四倍。

對於面對面溝通的威力勝過電子郵件，美國國際開發署（US Agency for International Development）前首席撰稿人丹尼．蓋諾（Danny Gaynor）為我舉了很棒的例子。在重大宣布的前一天（各國國家發起歷來最大的全球性聯盟，致力於終結五歲以下兒童的早夭），丹尼和他老闆花了大量時間在老闆的提報上下工夫、發簡訊、寄電子郵件，以及調換成疊的投影片。為了這項至關重要的倡議，從肯亞到印度，有數十位領導人正飛來參加揭幕式。為了闡述美國的願景是要拯救世界各地成千上百萬兒童的性命，丹尼在製作提報時覺得孤立又有壓力。（你能怪他嗎？）

「我永遠忘不了站在後台時，各總理和內閣官員就在幾英尺外，跟我的老闆在等待。因為我們沒有同場過，我們都是透過科技在溝通，所以直到他要上台的數刻前，我們從來沒有排練過他的提報。我手忙腳亂地刪照片，移圖表，並針對阿富汗、尼泊爾和哥倫比亞改寫了敏感用字。我老闆猛灌了一杯水，看著我，深吸一口氣說『講稿弄得不錯』，便在世界上最有權勢的眾人注目下走了進去。」

這次的體驗教導了丹尼，在因應至關重要的事項時，面對面溝通很重要，而且這讓他在耐吉（Nike）的現有職務裡，將敘述、創新與執行團隊變得更有效率。「我收到的反饋緩慢、混亂又紛雜。」丹尼告訴我。「要是我能跟老闆同場，甚至是面對面十分鐘，我就能完成透過科技平台要花上數小時的事。」科技可以幫上忙，但有時候對那些大案子來說，沒什麼強得過少數人窩在筆電前，直接找出對的方法來解釋重要的事。

諷刺的是，即使電子郵件是我們在工作上最常見的溝通方式，但在許多情況下，它也最適得其反，而且對於會帶來更大生產力的面對面互動，它往往會造成阻礙。「電子郵件是生產力的頭號敵人。」學樂的科技副總監史黛芬妮・畢克斯勒說。「人們太過依賴電子郵件來當成解決問題的手段，而不是藉此獲得解方，而且它會混淆責任。」

在我們公司的研究中，有過半的員工說，較多的現場交談會使所收到的電子郵件數減少。[7]而在維珍脈動的研究中，則有將近三分之一說，與同事共度較多的碰面時間會使自己更有成效。[8]「『透過』電子郵件會使很多敘事脈絡流失掉。」安聯（Allianz）的加拿大安聯企業及特殊風險（AGCS）執行長兼首席經紀人烏里西・卡多（Ulrich Kadow）說。「要化解衝突，拿起電話或親自跟同僚談話常是最好與最快的方式。」彪馬（Puma）的女裝商品經理凱蒂・瓦尚（Katie Vachon）對此表示認同。「我們可以坐在同一個辦公室裡，從各自的桌上寄發電子郵件，就是不走過去對人說話。」她說。「這會導致電子郵件寄得更多，並造成混亂。」所以不要用電子郵件往返，然後祈禱你試著要傳達的想法真的會被人收到並產生所要的效果，而要親自見面，並花幾分鐘來解釋你想要什麼和它為什麼重要。

經理人必須以更少的資源來完成更大的目標，然而壓力卻更大。貝恩策略顧問（Bain & Company）的研究估計，通常經理人在為期四十七小時的週工時裡，不受打岔的時間不到七小時。[9]有整整二十一小時的時間是在開會，另外十一小時則是在管理電子郵件。經理人沒有時間來搞定本身的工作，更不用說是創意思考了。大約在三十年前，普通的經理人一年會收到一千張有未接來電的紙條。等到語音信箱變得風行，那位經理人一年或許就必須聽取約四千則留言。但如今我們面對的是一年約三萬則通訊，因為我們有各式各樣的方式可以收取（即時通訊、Skype、FaceTime、電子郵件、簡訊、語音信箱等等），並依賴為數眾多的裝置。

「科技可以是強大的干擾，把經理人的心力從人員身上帶開並轉到螢幕上。」Yelp的在地銷售資深副總裁保羅．萊奇（Paul Reich）說。「第一線的經理人尤其容易一連數小時盯在螢幕前，卻把親自與人員互動的實際工作擺在一邊。我們試著教導經理人，不會有電腦強過你的心智，不會有聽取裝置和擴音器好過你的耳朵和嘴巴，所以要把那台筆電蓋上，開始在現實生活中觀察和評論。」

用科技來增進生產力

太過依賴科技會抑制我們互相連結和把事情搞定的能力。若適當運用科技則可以讓它成為我們最棒的盟友。我發現用科技來把我們聚在一起的關鍵方法有好幾種，使我們能以最快、最有效率的方式把工作搞定。在許多情況下，科技可用來增加團隊成員間的碰面時間。

1. 用會議室預約系統來把時間和地點定下來，好讓團隊談論重要的案子，或是促進一對一的更新會議。
2. 用行事曆應用程式來排定會面，並讓掌握相同狀況的每個人在約定時間到單一地方見面。
3. 用搜索引擎來快速回答基本問題。這將為你和團隊省掉對它冗長、不必要的討論。
4. 在休假或出差時使用自動回覆「不在辦公室」的電子郵件，使你不在時也不必待命回覆每封電子郵件。

5. 用行事曆來為健身、用餐、休息、一對一會面和現有的案子空出時間。
6. 把協作應用程式當成虛擬的「茶水間」，快速而有效率地為你正在做的案子產出想法，或得到如何加以改善的反饋。
7. 用共有行事曆來掌握員工何時在辦公室、差旅、休假或忙碌，使你找到最佳的方式來跟他們溝通和排定會面。
8. 用專案管理工具來掌握團隊的里程碑和目標，以保持在對的軌道上。要是不靠科技，它常常會變得無從管理。
9. 用視訊會議來連結遠距員工，使他們得以看到彼此，即使並未與團隊的其他人實地共處。
10. 用待辦清單或簡單的表單來掌握你需要做什麼，以及需要在什麼時候做好。

有很多人所碰到的問題在於，相信科技有助於使我們更有成效，便加以過度使用和濫用。

舉例來說，發簡訊給團隊來約開會完全是合情合理，但假如在開會期間繼續發簡訊給面前在座的人，那你真的需要停手了。

雖然有很多人怪我們這一代是新科技的早期使用者，但我們全都犯了濫用它的罪過。我們說服許多較年長的員工使用這些科技工具，因為這會使我們跟他們溝通起來比較容易。使用科技看似會讓案子、檔案和通訊管理起來比較容易，但我們的關注期卻縮短了，數位干擾沒完沒了的疲勞轟炸也壓縮了我們的生產力。本章會幫助各位來了解是什麼造成了這些干擾，以及時間要怎麼優化最好，好讓各位在工作上能變得更有成效和快樂。

自我評估：我有多受數位干擾？

我很不想說破，但你很有可能是對裝置成癮了。而且就像是大部分的成癮者，你甚至不見得有覺察到。有很多人認為，科技正在推升我們的生產力，但我們完全沒有覺察到，自己正在浪費時間去讀取隨機的新聞網站，以及在社群媒體上對朋友發送訊息。這道簡短的測驗會讓你有個概念，自己有多受到干擾。在符合你情況的描述旁打勾。

1. 在和團隊成員審視新案子時，我的專注力都是先轉向到裝置上。	
2. 我所有的案子都是用裝置來管理。	

3. 我認為親自會面完全是在浪費時間。	
4. 我會避免打電話，而偏好發簡訊。	
5. 在開會期間，我花在看手機上的時間多過貢獻討論。	
6. 我發現自己都在等下一則電話通知。	
7. 我是專業的多工人士，一次用好幾項裝置來完成工作。	
8. 我寧可舉行網路研討會或其他的虛擬提報，也不想在現實生活中舉行。	
9. 我在工作時，都是開好幾個視窗或應用程式。	
10. 我有時候會把同事視為干擾，而不是資產。	
總計	

做完評估後，把打勾數全部加起來。假如你有七個以上，在工作上或許會表現欠佳。假如得分低於五，你就是比較會掌控目前所使用的科技，而且它並沒有對你的生產力造成負面衝擊。事實上，它甚至是在助你一臂之力！

以三項行動來優化生產力

科技會以顯著和隱晦的方式來折損生產力。對於怎麼遏止這個問題，以下分享三點想法。

／行動一：少拖延／

當我們想要避開討厭的差事，或至少是把無可避免的事延後時，常常就會轉移到手機上來玩遊戲或閱讀新聞報導。當我們缺乏結構、焦慮或對自己感到不確定時，就會把任務從各種令我們有壓力的事換成比較有樂趣的事。人很容易掉入拖延的陷阱，而且會變得更加容易，因為應用程式和網站多得不得了，使我們在任何時候想從工作中消失並把自己帶入新的事物時，就能轉移注意力。拖延使我們損失的不是只有工作時間。我們所損失的還有私人時間，因為它畢竟是我們在工時當中就該做好的工作，卻需要在此時加以彌補。私人時間消失後很快就會轉化為不快樂和過勞。

活動：消滅拖延

每當你在做案子時，把它拆分成較小的任務會很有幫助。當你這麼做，整個案子就會變得比較不令人卻步和比較好管理，要拖延下去也會比較吃力。比方說針對公司可能會推出的新服務，你必須做可行性研究。以下就是拆分過程或可怎麼進行：

1. 向經理詢問服務的範圍和其他任何會對研究有所輔助的相關資訊。這會確保你們兩人掌握相同的狀況，而有助於你們滿足或（希望是）超越期望。
2. 訂出時間表來顯示，你需要在什麼時候把案子做完，連同過程可達成的若干里程碑。把里程碑和最後的到期日寫進行事曆，並設定提醒。
3. 辨認出競爭商品。知道競爭對手在賣什麼將有助於你評估市場規模，讓你辨認出方法來區隔自家的服務，並向管理階層顯示，你對於既有的情況有持續在更新消息。
4. 蒐集各行各業的研究和其他資源，把它放進主檔案，使你能把它納進提報裡。
5. 把研究連同你的想法、建議、圖表和圖示放入提報檔。
6. 召開團隊會議並提報。徵詢反饋。

／行動二：抗拒完美主義／

科技為我們賦予了近乎無限的能力來編輯、調整、排除瑕疵，以及使一切變得更完美。問題是，我們花愈多的時間來編輯照片，並確保動態更新會使我們看起來成功又快樂，所浪費的時間就愈多，搞定的事就愈少。我確定各位會坦承，為了替團隊變更拍照濾鏡或修改一句話的動態更新，所花的時間如果是用在更重要的差事上可能會更好。那些在完美主義中掙扎的人所忽略掉的是，有缺點才會激發我們的創意，使我們獨特，並形成更強固的羈絆。

事實在於，沒有所謂完美這回事，所以拿它來要求自己或他人是在浪費時間和心力。我相信，完美主義是把短處偽裝成長處。我們認為，變得完美能讓我們在工作上更有成效和成功，然而力求完美會耗盡我們的時間，引發焦慮，使我們不快樂。我們是生活在步調快速、隨時開機的世界裡，完美主義並不管用。假如你在工作上動作緩慢，另一位願意工作得更聰明和更快速的工作者就會把你取代掉。完美主義者或許要花上幾小時才會把一封電子郵件寄出去，到最後則要以更長的工時才會完成跟非完美主義者一樣的事。你認為這會如何影響到公司，以及公司能否跟其他擁有較少完美主義者的組織來競爭？

我們所追尋的完美包括為所有的提問找到完美的答案，而科技在這點上固然可以幫上忙，但通常會有個流弊。「網際網路是機器。輸入提問，它就吐出答案。可是當你在網路上找不到你要的答案時，會發生什麼事？」漢威的資深主任凱雅．厄里克問道。「『找不到答案的困境』會導致下列階段：⑴混亂：必然是我沒有打對關鍵字；⑵沮喪：我需要的為什麼沒出來？⑶恐慌：哦，不！答案找不到！⑷領悟：在電腦有搜索引擎前，人類就有大腦了。如此過度依賴科技，並指望別人來解決我們的問題，不但枯竭了社會的創意和至關重要的解決問題技能，還壓抑了我們當成功領導人所需要最緊要的技能：社會互動。」

當你是完美主義者時，你在只需要順其自然的時候，陷入嘗試修改的無限循環中。工作交付失敗就會傷害到你、團隊、公司和顧客。為了防止這點，當自己和其他任何人不停在修改，而可能不慎使案子延遲做完時，就要訂下後果。舉例來說，你有一個月就不准遠端辦公，或者你就警告每個人，未來的案子延遲做完會影響到獎金。

當你有員工是完美主義者時

領導人：麻煩你為四月要推出的新廣告文宣設計圖案好嗎？

員工：好，我會盡快畫出草稿讓你審視。

兩週後……

領導人：我想看一下草稿。我們需要把事情敲定，以便能得到管理高層的最終核准。

員工：我還在決定要用什麼字型，所以需要更多的時間。我在一週內把東西給你好嗎？

這聽來或許荒謬，在職場上卻不斷在發生。像挑字型這麼大的事（而且有可能並不是），可以由經理在收到作業的一、兩天後提出幾個選項，就能替每個人減少許多的焦慮。

／行動三：停止多工／

當我們同時在電腦上查看電子郵件、在手機上做動態更新並參加電話會議時，我們或許會試著說服自己，我們是在多工，但並不是。當大腦聚焦在別的事情上，你就無法真正去關注某人在說什麼。在牽涉到科技時，這點尤其為真。假如你同時在發簡訊給朋友，老實說，你有全心在開會嗎？以這種超級英雄般的能力來一次做好幾件事是你想像出來的虛構場景。有數十項神經科學的專題研究證明，大腦不會同時做多項任務。我們反而是在任務之間迅速跳來跳去。當我們從電話會議轉換到動態更新、再到電子郵件上時，大腦中會有停止和啟動的過程，等到毫無事情發生時，它就會在各步驟之間引發瞬間停滯。你必須真的停止說話（或是放得很～慢），才會去發那則簡訊。你不見得會留意到停滯，但它就是有。說到底，你是在把三件任務做得更拙劣，而不是把能力發揮到滿檔來一次做三件事。

如何列出優先順序，而不要多工

要避免浪費一大堆時間去試著多工，最好的辦法就是成為專家來為工作量列出優先順序，使自己隨時在對的時間聚焦在對的案子上，而不是多個案子一次全來。首先不要對眾人請託你的每件事都說「好」，因為要同時管理每件事是不可能的。反而要聚焦在最重要的事情上，再把其餘的委派給隊友。

財捷（Intuit）的人才延攬主任德瑞克．巴托斯寇尼斯（Derek Baltuskonis）在經理的幫助下，學會了列出優先順序的藝術。「我的經理真的幫助我了解到要怎麼工作得更聰明和更有效率，靠的是把工作全部看一遍，學習要怎麼把工作排序，把對營業最重要的事列為優先，並確實把那件事做好。」他告訴我。「每當有新的事出現時，我會試著去想一下的不單是工作的重要程度，還有對這點加以權衡，看有什麼會因此沒辦法搞定，以及這點有多至關重要。」當然，列出優先順序合情合理，但在實務上，相斥的需求可能會使它變得複雜。德瑞克處理這些處境的方法則是，把案子完成八〇％，等獲得反饋後再往前進。追求一〇〇％的完美會拖慢他的進度。

什麼會真正衝擊到我們的生產力？

雖然有些人還是相信，科技正使我們的生產力大增，或者多工是現實，但實情卻是，同事才是關鍵要素。當同事是精通自身主題的專家，聰慧、和善、勤勉並有強烈的工作倫理時，就會有助於你變得更聰明和更有成效。當我們問到員工，除了薪水，還有什麼會在工作上激勵他們時，有過半都說：「同事。」而當我們問到，什麼事會啟發他們在工作上有創意時，有超過四〇％都說：「我周遭的人。」[10]只不過要切記的是，這反過來也是一樣。假如同事懶散、愚蠢又討厭，你就會比較沒成效，比較沒效率，也比較不可能拿到有趣的案子、背負更多責任或升官。

知道這一切後，很顯然的是，徵聘對的員工將有助於增進整個團隊的產出、創意和生產力。要尋找的人選是，與隊友合得來，並在職涯中展現出一貫的進步（這是工作倫理和聚焦能力強烈的信號）。除了詢問技能，還要問他們所偏好的工作環境，以及會激發他們把工作做到最好的隊友類型。然後排訂與團隊中的每個人一對一會面，看看他們合不合得來。

普遍來說，最有成效的人都會有意識和深思的是，要怎麼運用自己的時間，並為每天的日子建立結構。《為什麼這樣工作會快、準、好》（*Smarter Faster Better*）的作者查爾斯·杜希格（Charles Duhigg）告訴我，「最有成效的人就是比其他人更深入去思考自己在做什麼和為什麼要做的人」。[11]

在遠端辦公時有成效

遠端辦公者在許多人心目中的形象就是有如荷馬·辛普森（Homer Simpson）的沙發馬鈴薯，在該工作時喝啤酒、看電視、逗逗狗。不過，實情卻不然。研究員尼可拉斯·布魯姆（Nicholas Bloom）針對某大型旅遊網站研究了電話客服中心的工作者。在公司執行長核准下，工作者可選擇在家工作九個月或待在辦公室。公司以為會看到生產力下降，然而所發生的事卻正好相反。遠距員工所接的來電比進辦公室的職員多了一三·五％。這聽起來滿令人訝異，員工卻不覺訝異。在我們的全球研究中，寶利通（Polycom）的員工超過了兩萬五千人，其中遠距工作的人有六〇％以上都說，他們的工作安排會提高生產力。這些提高的生產力是拜什麼所賜？布魯姆表示，其中有不少的解釋。他把提高的三分之一歸因於員工有比較安靜的環境。對於另外三分之二，他則歸因於員工所投入的時間較長。「他們開工較早，休息較短，並工作到當天結束為止。」他在《哈佛商業評論》裡寫道。[12] 除了這一切，員工所請的病假也少得多，辭職率則比那些在辦公室工作的人低了一半。

但遠距工作者肯定對工作更滿意（儘管刻板印象是相反），卻也比較孤立。結果就是，他們會找出別的方式來跟同伴保持連結。三五%的遠距工作者說自己更常與同僚寒暄，四六%則說自己更常拿起電話。（其中包括三八%說，自己更少用電子郵件而更多用電話。[13]）

遠距工作有多常見？唔，資料指出，各位在職涯中很有可能至少遠距工作過一次。將近七五%的工作者說，公司有提供遠端辦公，而約有三分之一則是固定遠距工作。

假如你是遠距工作	假如你在管理遠距工作者
1. 在沒有電視或任何不必要科技的房間裡工作，以消除所有潛在的干擾。	1. 在他們的職責、案子的到期日，以及要怎麼與他們妥善溝通的進度更新上，訂出適當的期望。
2. 穿得像是身在辦公室。這聽起來很呆，但會有助於你覺得比較專業，並使你進入對的心態。	2. 規定每週至少開一次團隊會議，使你能確定每個人都有掌握相同的狀況並跟上進度。
3. 依循固定的慣例，以便在起床、工作和休息的合理次數上養成習慣。	3. 用視訊會議來跟他們形成更有意義的互

4. 訂出每日的待辦清單，等目標一完成就把它打勾。 5. 把工作空間的雜物排除掉，使你能在不受干擾下聚焦於工作。 6. 劃出界限。遠距工作的人會比較有成效的其中一個原因在於，他們永遠不會回家（有一大部分是因為，他們已經在家了）。結果就是，他們往往會投入更長的時間，在凌晨兩點要去上廁所時，也會查看工作電子郵件。	動，並鼓勵他們穿著正式和行事專業。 4. 鼓勵每個月至少面對面開會一次，使你、遠距工作者和團隊的其他人能與彼此建立更強固的關係。

優化生產力的藝術

每個人的心智、身體和習慣都不同；什麼會激勵他們有成效也是一樣。舉例來說，給我動力的是對世界造成衝擊、建立自己品牌和幫助他人，而不是賺錢和為退休計畫注資（雖然我試著要兩者兼顧）。較年輕的工作者往往是重視彈性和有意義的工作，較年長的工作者則比較聚焦於為退休儲蓄和醫療福利。女性比男性要關心產假（原因顯而易見），雖然陪產假正迅速成為許多福利方案的主軸。

由於大腦很獨特，會使我們最有創意或把工作做到最好的情境也都不一樣。你或許是在企業的辦公室裡表現比較好，我則是在家遠端辦公時會有最好的構想，因為這樣會使我比較不受限。

生產力的結果也會因工作性質而異。你在亞洲萬人公司的行銷組織裡擔任領導人時要如何經營，就迥然不同於在較小的美國公司裡擔任同樣職位時要如何表現。而且有的人是一大早比較有成效，有的人則或許要到下午才會活躍起來。

下表總結了我們公司和別家的研究統計，可以看到怎麼把你和團隊的生產力最大化。

我們每天最有成效的時間	早上十點到中午。[14]	我們在午餐前的上半天最有成效。
我們在週內最有成效的日子	週二。[15]	週一是為上週的電子郵件和差事追上進度的時候，到了週二就能開始聚焦於當週的工作。
最大生產力的最適睡眠量	七到九小時。[16]	睡眠對心情有幫助，會讓我們比較專心，並使我們比較有活力。
工作的最適休息次數	每五十二分鐘一次。[17]	我們的專注期很短，一次所能聚焦和做到最好的工作還不到一小時。
休息的最適長度	十七分鐘。	恢復精神不用很久，而休息就是讓大腦喘口氣的關鍵。
健身的最適量	一週至少一百五十分鐘。[18]	健身會抒解壓力、使體態更好，並使過勞和健康的課題都減少。

卡路里的最適量	男性一天兩千七，女性兩千二。[19]	為了維持目前的體重或減掉幾磅，我們應該要吃得比較健康，而把加工食品、糖和穀物從飲食中消滅掉。

有的因素可以把生產力提高或降低。例如當你在身體或心智上不健康時，要專注在工作上就會有麻煩，因為你會滿腦子都想到自己的健康。不過，當你在對的環境裡與對的團隊共事時，一切似乎就會運作得比較好。我跟史泰博商業優勢（Staples Business Advantage）攜手研究了對生產力影響最大的因素。我們的發現如下：

提高生產力	協作式環境、有休息時間來讓員工恢復活力，以及時程比較有彈性。
降低生產力	身體或心智疾病、過勞、科技拙劣、辦公室鬥爭、資訊科技的支援有限，以及開太多會。

養成新的生產力習慣

以提高生產力來說，有很多人都會被至少一款（或是兩款或十二款）宣稱使用後會令人驚豔的應用程式所吸引。無庸置疑的是，科技能改善生產力，但我卻發現，理當使生活比較輕鬆的科技工具到最後所占用的時間卻更多。我的目標是要簡化生活，所以我會聚焦在產出最好結果的差事上，並盡可能使用最少的工具。你使用愈多工具，日常生活就會愈複雜，這樣的複雜則會阻擋你完成目標。

所以最好的做法是培養一些優化生產力的新習慣，而不要為了提高生產力就去依賴最新的科技小物。杜克大學的教授表示，在我們每日的行為中，習慣占了約四成，所以養成會為你和團隊帶來最大生產力的習慣很重要。[20]多年來，我測試過各式各樣的策略和習慣，試著要搞清楚什麼對自己最管用，什麼可能會對其他的高績效人士最管用。我發現對我來說，一切在於早晨的習慣。我會在早上七點半起床，做早餐，審視當天的目標（我都是在當週的一開始或前一晚設定），跑步三英里，淋浴，然後開始做最需要智識資本的工作。知道自己要做的豐盛早餐裡有歐姆蛋和水果，這會激勵我早點起床。設定目標會使我聚焦，跑步則會使我活力充沛。當然，我的習慣也可以、也經常會轉換，因為我沒辦法把會議或電話會議排定在其他時間，但每天的習慣都相當穩定，這有助於我以最佳的狀態把絕大部分的工作給搞定，進而把時間最大化。

／使習慣符合目標／

在理想上，習慣與目標應該要相符。這代表假如你想要減重，就需要把健康的飲食和練身體變成固定的習慣。由於習慣少了目標就起不了作用，所以讓我們花幾分鐘來談談目標。

在過去五年間，我提出了自身的目標設定系統。在有這套系統前，我沒有任何結構，都是且戰且走，看哪個案子在當時最合情合理就做。如今我是用 Microsoft Word 的文件來處理所有的目標。這聽起來或許不炫，但對我的需求還挺管用。我把文件分為三塊：當日目標、當年目標和未來目標。

即使它是中間那類，我還是從當年目標開始，為當年寫下五個專業和五個私人目標，不多也不少。在各項旁邊放上勾選框的圖案，就會沒來由地使你更可能想要去完成目標。這些目標應該要視你以往完成過什麼來達成，然而又要夠有挑戰性，使你會去改善自己、關係和職涯。要確定各個目標的成果都能度量。舉例來說，不要說「我要寫文章」，而要訂下數字說「我要寫二十篇文章」。如此一來，你每寫一篇就能把它記下來，直到二十篇達標為止。當年目標完成後，想想如今需要做什麼來讓自己離達成這些目標更接近。我如果要達到完成這份手稿的目標，就需要把各章全部寫完，所以我的當日目標常會包含的內容就像是「把第三章寫五頁」。假如我想要朝著今年造訪新國家的目標不停邁進，我的另一個當日目標就需要是「研究旅遊目的地」。把當日和當年目標當成更長期人生目標的起點，使它進入未來目標欄。你在任何時候想到遠大的目標，現在卻沒時間顧到時，就把它列進未來目標裡。有了這份未來目標的清單，就會啟發你在職涯和人生中去達到更多。

目標表實例

當日目標

- 為第一章研究
- 為新研究編寫調查問卷
- 預訂去希臘的班機

當年目標

專業目標

- 把著作手稿寫完
- 做六項專題研究
- 在十場會議上發言
- 寫二十篇署名文章
- 策畫四場執行活動

私人目標

- 去一個新國家旅遊
- 在一個非營利組織當志工
- 看一齣百老匯演出
- 上兩堂烹飪課
- 交五位新朋友

未來目標

- 創立非營利組織
- 寫另一本書
- 製作 Podcast
- 拍紀錄片

我的目標表對我管用，但不代表它就會合乎你的需求。理想國（Live Nation）的策略與洞察力副總裁艾曼達・富拉加（Amanda Fraga）是以比較精簡的做法來確保自己保持積極，並把時間投注在某個月對她最重要的事情上。她的目標舉例如下：

- 每週一本書（慣例：在上班途中聽有聲書）
- 一週至少上一次瑜伽課（盡量在週六早上；假如這不可能，就計畫到當週的另一天）
- 每週至少做三次晚餐
- 一週至少和男友約會一次
- 每週一次學習冒險（交流晚餐、參觀博物館等等）
- 跟朋友去一次當月的晚餐聯誼會

照自己的處境來訂出有效的目標清單。等目標訂好，就花點時間來想一下，自己需要培養或精進什麼習慣來達成其中的各個目標，但不要走火入魔。一次對超過一個習慣下工夫會很吃力。對於新習慣，可以照著以下流程來培養。等完全精通後，再往下一項。

／培養新習慣／

培養新習慣是三步式流程：

1. 從小量開始。早上不要跑一小時，而要跑二十或三十分鐘。或者不要對最大的工作案聚焦兩小時，而要從十五分鐘開始。當你從小量開始時，達成目標就比較好管理和比較不嚇人，使你更願意花心力在它身上。一次挑一項習慣，使自己不致於負擔過多，並確定它是你能激勵自己去做到和達成的事。

2. 擴展習慣。現在把那段半小時的跑步加倍，或是把對工作案聚焦的十五分鐘加倍。一、兩個星期後，要把習慣擴展成更有挑戰性和更圓滿就會比較容易。

3. 把類似的習慣串連起來。假如你每天早上都會去當地的店買咖啡，那就把這點融入健身的習慣中，跑步或慢跑去那裡再回來。假如你每天都會抽出時間與一位部屬見面，那就排定早餐或走動式會議，既對你的健康有益，又有助於加強你和隊友的連結。

既保持創意又有成效

平時，我們會在裝置上收到無數則通知。每則都會發出干擾的嗶嗶、叮咚或嗞嗞聲，無論它是隊友需要幫忙還是媽媽說愛你的簡訊。我們被這些通知淹沒，並沉迷於接收通知，以致於當我們沒有接收到通知時，我們就會認為裝置掛了或不被人愛。這些通知有的或許有用（例如要是家人有急事的話），有的卻徹底令人沮喪，好比說強尼對你在社群媒體上的照片按「讚」。你一去審視和過濾通知，就浪費掉了幾分鐘，甚至是幾小時。德勤（Deloitte）的研究發現，人平均一天會看手機四十七次；年輕人則是八十二次。[21]

除了職場上的需求，花那些時間去查看裝置會阻止我們釋放大腦的能力來進行創意思考。大腦不停在處理資訊，而且我們需要更多的時間來運用想像力和發揮創意。可是當你忙於獲知更新和回覆訊息時，你就是在阻止自己獲得喘息的時間。

如何更有創意

1. **把裝置上的通知關閉**。假如有急事，朋友或家人需要聯絡你時，他們就會打電話給你或跑來辦公室。在裝置設定上把通知關閉，你就能釋放心智去創意思考，並聚焦在最事關緊要的案子上。

2. **擁抱多元想法**。雖然我在第四章會深入討論這點，但我想要在這裡指出，當周遭的人有不同的視角和世界觀時，就會挑戰你以新的方式去敞開心胸。前往業外活動和不熟悉的地方，好比說博物館、劇院，或者你想要多加學習的課程。

3. **尋找獨處的時刻**。我鼓勵你主動探詢他人來建立關係，但有時候你就是需要獨自一人的時間。在那段時間當中，給自己空間來創意思考，你就會有想法來跟團隊討論。研究發現，為了提出能在事後與他人協作的新想法，創意人員需要獨處的時間。[22]

4. **開走動式會議**。除了冬天，在每一季當中，我的會議絕大部分都是在外出走動時舉行，而不是在會議室裡。靠著走動和談話，我正在改變自己的環境，而帶出了我一些最好的思考。史丹佛大學的研究人員發現，走動式會議會使創意程度提高達六〇%。[23]無論走動是在室內、戶外，或者甚至是在跑步機上，使自己脫離正常環境就能對新的可能性敞開心胸。

5. **空出時間來思考。**你可以稱之為「思考時間」、「創意時間」或別的說法，但重點在於，有時候你需要去安排行事曆，使自己每天或每週都有既定的時段是什麼都不做，只是去思考。你不能依賴別人給你時間來發揮創意；你需要把責任擔起來。

6. **去新的目的地旅行。**假如你是在全球公司服務，試著每年至少在不同的國家工作一次。假如不是，那就規畫出差或私人旅遊。透過旅行，從日本到巴西，我遇到了人、新的體驗和藝術，不但形塑了我的看法，也給了我新的想法帶回到工作上。

7. **尋求有挑戰性的差事。**當特定的問題沒有既定的解方時，就去找新的做法。接下有挑戰性的差事會使你別無選擇，只能去發揮創意。挑戰的壓力可能會為新流程點燃想法，或者可能會為徵聘新員工打開大門，以幫助你解決儼然是無解的問題。

優化生產力的七種方式

為了把生產力最大化，你需要全觀式的做法，亦即退一步去仔細思考，自己目前是如何分配時間、所處的實地環境，以及日常的團隊互動。這麼做會把阻止你有成效的地方揭露出來，好比說委派出去的工作不夠，或是與團隊成員的電子郵件交流沒完沒了。以下是優化時間、空間和連結的幾種方法，使你盡可能成為最有效率的領導人。

1.優化工作環境。挑個不會有什麼干擾的地方。假如你是在開放式辦公室工作而太嘈雜，那就移駕到自助食堂（假定那裡會比較安靜），或者至少為一天的開始預訂會議室。假如你有自己的辦公空間，那就在最有成效的時段當中把門關上，好讓自己能聚焦。在工作時要把裝置的提醒關掉，並確定桌面不凌亂。由於團隊的整體生產力會受到各人的生產力所影響，所以一定要針對工作環境來徵詢所有員工的反饋。

2.優化工作量。不知道要怎麼把工作列出優先順序時，人就會沒有成效。根據我的研究，它是當個成功領導人的關鍵技能之一。假如不能把任務列出優先順序並委派出去，你就會負擔過多不該做的工作。釐清自己究竟需要做什麼來達成當日或當週的目標，並把它全部寫下來。然後重寫清單，把所有的項目從最重要到最不重要依序排列。在各項旁寫出達成它的必要步驟，以及需要在什麼時候完成。假如清單上有你知道會十分耗時費力的項目，那就把它委派給你知道團隊中能勝任此事的人。身為領導人，你應該要聚焦於工作中影響大的部分，像是對其他領導人提報，以及提出新的戰略和戰術。「有雄心的團隊成員會使我對他們的能力有信心，並容許我委派，而使我的生產力得以發揮。」米高梅國家港（MGM National Harbor）行銷和廣告副總裁克里斯·顧密樂（Chris Gumiela）說。「光是為我接下更多的工作量，隊友就給了我更多的時間去擴展責任，並把更多的時間投入在值得的差事上。」

3.優化忘我的時間。忘我是指完全融入在自己所做的事情中，並深深享受到什麼都干擾不了自己——唔，幾乎啦。會對忘我造成阻礙的是，無數的會議和訊息在競逐你的關注，不停把你的日子打岔。假如你思考一下，你就能回想起自己忘我的一些場合。而假如你多想一下，你八成就會留意到其中有模式可循，例如你只有在午餐剛過後才能陷入忘我；早一點或晚一點都不會發生。無論你是在什麼時候忘我，都要在行事曆上把那段時期空下來，並告訴團隊裡的每個人，到時候不要排定會議。當你有一組明確的目標，具備對的技能，並在適合你的環境中工作時，忘我就會比較容易達成。

4. 優化團隊。等到把自己的慣例和習慣設定好，並知道自己想要去哪以及要團隊完成什麼，就要想盡辦法確保團隊裡的每個人都是全力在經營。當團隊沒有成效時，你就不會像自己所能做到的那麼有成效。大舉優化團隊需要辨認出他們的長處、短處和目前的工作量。假如有一位團隊成員負擔過多而有了壓力，那就把他的差事抽掉一項並分配給別人。當團隊成員被一項差事搞到吃不消時，他就無法把其他任何理當要做的差事做到像樣，因為他會趕緊做一做，以便能回到各種使自己吃不消的事情上。假如你無法把差事重新分配給他人，或是沒有團隊，那就把一些比較單調和例行的差事交給自由工作者或臨時工作者。「我們的產出常是用 PowerPoint 或 Keynote 來提報。」維亞康姆（Viacom）的行銷策略、趨勢和洞察力副總裁莎拉．翁格（Sarah Unger）說。「不過，我並不是 PowerPoint 設計師，而且提報可能會做到天荒地老。徵聘設計師使我有時間聚焦於優先事項，同時讓設計師來處理他們會增添最多價值的部分。」

我訪問過的若干領導人告訴我，他們的老闆所做的事會使他們更有成效。REI（休閒設備公司）的內容行銷資深經理暨合作主編帕羅．莫托拉（Paolo Mottola）說：「當經理給我創業和創造工作的空間時，就會使我更有成效。當我獲得授權並擔起責任時，我就會最厲害。」Ｍｉｃ的事業發展資深副總裁夏蜜．甘地（Sharmi Gandhi）有個老闆教過她要有成效的重要訣竅：「慢下來！有時候，大家會以為把差事快速擺平就是有成效。」她說。「不過，這可能會導致一連串的錯誤，因為你在決策前可能考慮得不夠周全，或者對新倡議設定不當，使它沒有最好的成功機會。」

5.優化工作中的休息，使心力最大化。有五七％的上班族是花三十分鐘以下的時間來吃午餐，而有近三分之一則是花十五分鐘以下。除了休息去吃午餐（假定你真的有休息到），你其他的休息有幾次？去吃點心、固定去洗手間、到外面走走、去喝咖啡和其他各種所能想到的休息都能幫上忙，以便從日子中抽離，讓你喘口氣，幫助你回到工作上時能重新聚焦。我在寫這本書時，從來沒能一口氣工作超過三小時而不休息。我建議各位每天至少讓自己休息六次，試著去把它規畫出來並用心照做。假如你屬於那些能一連工作十五小時卻滴水不進的人，就要強迫自己去休息。你或許會覺得自己搞定了很多事（而且你可能是對的），可是當（而不是假如）你過勞時，沒有任何事值得你這麼做。

藍多湖公司的電子商務、行動和新興科技經理山姆．韋歐雷特是在當天結束時進行最大的休息，並趁此機會來投籃。「有些人或許會把休息稱為冥想或放鬆時間。」他說。「可是我認為它是讓我的腦袋停止為任務清單打轉的時間。這些時期向來都會使我更敏銳，並且更能聚焦。」戴爾易安信（DELL EMC）的產品行銷經理亞當·米勒（Adam Miller）用的是比較結構式的做法，名為番茄法（Pomodoro）。它建議要判定差事，把這件差事定時做二十五分鐘，然後休息五分鐘再重複，而且理想上是要做相異的差事。番茄法做四次或大約兩小時後，則要休息比較久。「在重複番茄法時，完成相異差事的背後原理在於，我可以思考不同的主題，然後以新穎的視角回到前一個主題上。」他說。

6.優化時間，以免浪費太多在科技上。假如想要準確得知自己上網的時間是怎麼花掉，rescuetime.com（拯救時間網站）會以秒數來告訴你。等你從自己浪費了多少時間的震驚中恢復過來時，看看能做什麼來把其中一些時間重新導向於把事情搞定或休息一下。浪費時間上網可能會耗掉你的時間和金錢，並會干擾你與隊友建立關係來改善生產力。

如本書通篇所討論，這些關係對團隊的成功至關重要。「跟團隊有強固的關係將促進更好的結局，並使流程更順暢。」美國運通全球消費者服務事業規畫的財務長羅西·培瑞斯說。「比起跟自己信任並私下認識的一群人分享想法，在滿是陌生人或遙遠同僚的現場分享想法要有挑戰性得多。依照我的經驗，以分享想法、產出和資訊來說，在相處時感到自在的團隊往往會去冒比較多的險。此外，強固的關係會鼓勵個人對自家同僚和自家團隊的集體成功更為用心。在促進有創意地解決問題和把事情搞定上，這點至關重要。」

我所請教的領導人有各式各樣的策略來把行事曆優化得最有效率。漢威的資深主任凱雅．厄里克會排定一小時之久的「保護期」，以專門來獨自把工作做好。「假如不保護好自己的行事曆，人員就會成天、每天以一場又一場的會議來啃食你的理智和生產力。」她說。奇波雷墨西哥燒烤（Chipotle Mexican Grill）的訓練主任山姆．沃羅貝克（Sam Worobec）為了把工作週的每一分鐘最大化，便提前數週來為他人和自己自動排定時間。「跟我的部屬一對一是每四週自動排定一次，跟員工的部屬一對一是每十二週自動排定一次，跟其他的部門負責人吃午餐或喝咖啡是每四週自動排定一次，跟我的部屬開人員發展會議是每四週自動排定一次，諸如此類。」他說。假如你在管理行事曆上需要幫忙，不要羞於開口要求。「跟我的行政助理艾許莉．古德溫（Ashley Goodwin）有焦不離孟的關係使我受惠，她使我的生活輕鬆了許多。」甲骨文（Oracle）的動態事業單位（Oracle Dyn Business Unit）總經理凱爾．約克（Kyle York）說。「她會調配我的議程，使我不用擔心手邊的差事，也相信她隨時都會在對的時間把我擺在對的地方。這份關係是靠一起工作多年所形成的，但它是我強力建議任何主管都要投資的事。這件事價值連城。」

7.優化會議，以較少的時間完成最多的事。當 Workfront 問員工，對工作造成最大阻礙的是什麼時，五九%說是浪費時間的會議；其次是電子郵件過多，占四三%。[24]大部分的會議感覺起來都是浪費時間，因為要不是太長，就是沒有既定的議程。假如想要主持成功的團隊會議，就要訂出一組目標，並在會議開始前以電子郵件把它寄給同僚。另外，你在寄出行事曆通告來為會議空出時間時，要確定它只有半小時。時限緊迫會施壓會議中的每個人緊守議程，並把干擾減到最少。可能的話，每週都在不同的現場或場地開會。改變環境可以刺激有創意的想法，對於防止隊友的思考變得老套與重複也會大有助益。

這七種想法經過了專家實地測試，大部分的人都發現它相當有幫助。不過，你比我更懂自己，所以假如有別的做法，那就拿來用。威訊的顧客體驗經理吉兒・薩瑞斯基（Jill Zakrzewski）有全然違反直覺的做法，但對她管用。「每天我都是坐在人來人往的公共區域。這代表我會不停受到喝咖啡休息一下和想要閒聊的人打岔。」她說。「必然的是，我常常要在星期五待晚一點，以便把受到這些友善交談所打擾的工作全部做完。不過，我從這些互動中所建立的網絡卻使我在為案子辨認出合適人選時超有效率，而且靠著現有的關係，他們都會正面回應來幫忙我。」

優化生產力的關鍵要點

1. **減少數位干擾**。停止每隔一分鐘就去查看手機，以看看是不是有提醒。把那些提醒關掉，並減少手機上所載入的應用程式數目，這樣一來，就能更加聚焦於工作，把更多事搞定，減輕壓力。
2. **衡量並幫忙改善隊友的生產力**。他們的成功會反映在你身上。假如你留意到他們在浪費時間或是受過勞所苦，那就把他們的一些案子轉派給他人。他們能工作得愈有效率，就能把本身的時間優化得愈好，你也會愈有成效。

3.停止去嘗試多工，並拒當完美主義者。一次執行一件任務，並盡最大的能力來做。接著再往下一件任務前進。沒有人或案子會真的完美，所以只要對既定的結果滿意，就往前進。不管怎樣，你從團隊和上司身上所得到的反饋都會幫助你改善案子。

Chapter 3

實踐共享學習

學校只是學習制度規則的地方。
生活才是受教育的地方。
——崔佛・諾亞（Trevor Noah）[1]

在現今的社會中，專業人士最大的挑戰就是要在不停變化的世界裡掌握脈動。每天所創造出的新資訊量令人吃驚，實際上不可能跟得上。但更加令人吃驚的是，技能的「半衰期」現在只有五年。換句話說，等你跳到下一份工作時，你現今所具備和雇主所重視的技能可能會近乎沒有價值。

我們全都該力求成為共享學習者。我上過線上課程，但在教室裡獲得的體驗對我的教育影響更大。我參加過讀書會並受過指點，兩者都是親自體驗，而且不僅僅是讀一、兩篇文章，它還幫助我學習到更多。假如你關心團隊的成功，你就需要成為共享學習者，並抱持著開放的心態來把所得到的知識傳授給需要的隊友。在此同時，你也需要敞開心胸來向隊友學習。資訊的這種自由流動對每個人和營業都有益。假如資訊沒有公開共享，組織就會慢下來，而且除非已經共享，否則當員工離開時，他們就會把自己的知識帶走。

靠著與團隊協作、與他們共享知識和向他們學習，所有人都會更快取得資訊，把它維繫得更好，並能以新的方式來應用。在一項研究中，西伊利諾伊大學的副教授阿努拉達．高克雷（Anuradha A. Gokhale）發現，在批判思考的測驗上，參與協作學習的學生表現得比那些孤立學習的學生要好。[2] 在另一項研究中，彼此是實地毗鄰的工作者表現得比那些與同僚分開的人好了約一五%。事實上，他們分隔得愈遠就愈覺得孤立和不快樂。[3] 說到底，當你實地與其他人靠近時，會比較能向彼此學習，而且你們的表現會更有成效。假如你旁邊坐的是有強烈工作倫理和主題專長的多元人群，這點尤其為真。

重要說明：我體認到在現今的全球經濟中，事業是全年無休地營運，公司的勞動力可能是散布在同一個園區的不同大樓裡，或者是不同城市、不同國家。而且我意會到，把這些人全部聚集在同一個場所（假如這真有可能的話）的費用會貴到不行。我並不是說，這些大型或全球公司的員工注定會是孤獨、不快樂、表現不如水準的人。要因應實地分隔，有一個辦法是用視訊會議來保持團隊連結。即使相隔數千英里，能夠看見彼此，會讓交流與協作比用簡訊或臉書群組來得更為順利。（但不要低估社群媒體的重要性。在寫這本書的歷程中，我訪問了散布在全國和世界各地的數百人。為了促進討論，我設立了臉書群組。當群組中的兩個人發現，他們在同一棟大樓裡上班，而決定要找時間午餐約會時，你無法想像我有多激動。一位是萬事達卡〔Mastercard〕的資訊治理、法務和加盟誠信副總裁約翰·穆旺吉〔John Mwangi〕；一位是第一資本〔Capital One〕的產品管理資深主任珍妮佛·羅培茲〔Jennifer Lopez〕。你所要的人性莫過於此！）

共享學習的文化是受到開放的網絡所驅動，好讓隊友取用團隊中其他人的思維、分析和資源，無論他們是在哪。眾人在工作之暇學習，運用自己偏好的裝置，且有自己的訓練偏好。團隊需要善用「隨時開機」的團隊成員，提供資源給他們，使他們隨時都能利用。無論是以腦力激盪或草稿文件的形式，成員都必須把本身的智識資本提供給團隊的其他人，使每個人盡可能掌握相同的狀況。為了能幫助團隊來扶植強固的「知識網」，成員可以利用的資源有很多，包括大規模開放線上課程（MOOC）、外來講者、由公司所提供的教育、雜誌、線上訓練課程和大學課程。

當共享學習者

當共享學習者就是要辨認出機會來把資訊、資源和訓練提供給需要的團隊成員，甚至是在他們要求前。藉由關注成員需要（或請求）幫忙的技能與資訊，你就能在對的時間給予對的內容進而解決他們的問題。當你主動出擊來幫忙他們時，他們就會想要禮尚往來支援你本身的學習。當你在團隊內多做到這點時，自然就會創造出共享學習的文化，使每個人都在不停學習與共享。對於要怎麼當共享學習者，下表列出了幾個例子。

處境	要共享什麼
當你知道同僚對人資資料的使用趨勢感興趣。	你發現有新白皮書是聚焦於人力分析，並把它與同僚共享。

對於為了把工作做得更好而必須學會的新資料庫系統，同僚表現出沮喪之情。	假如你有使用系統的體驗，就去與她分享，要不就把相關的課程或輔導網址寄給她。
對於所處產業的走向，團隊似乎沒有在更新消息。	請團隊成員去訂閱產業專用的線上新聞網站；取得產業協會的會員資格，並要求他們去參加固定的會議。

共享學習的操練

跟一位員工坐下來，舉出你試著要一起解決的問題。問題需要是對你們兩人都有影響的事，並大到會讓你們真的去關心。為了幫忙解決這個問題，請員工把他所具備（或能找到）的知識、技能和資源全部寫下來。你也比照辦理。等兩人都寫好時，就互相分享。然後一起訂出作戰計畫，以分配集體資源來解決問題，並在需要時把團隊的其他人拉進來。這項操練應該會讓你和員工清楚了解到共享學習的價值。

團隊中的每個人都必須用心去分享文章、課程和資源。當你要徵聘新的隊友時，共享學習者就是你應該尋找的人選。

克服共享的障礙

要當共享學習者，你就必須更加覺察到自己的學習風格，以及與隊友分享的意願。讓我們看一下在建立更強固的關係以及在怎麼因應上經常會遇到的阻礙。

／放下身段／

身為領導人，身段會使我們做出拙劣的決定。我們會對資訊留一手而不分享，並相信它會讓我們比同儕更勝一籌。（實情是，當團隊成功時，組成該團隊的個人也會成功。）身段會使我們較少與他人交談，並且較不常去分享想法，因為我們怕出錯、聽起來愚蠢、遭到嘲笑，或是把別人或許能用來為本身的職涯加分的資訊拱手送人。你需要擺脫身段，並且更願意承擔風險甚或是失敗。不要想到本身的職涯，而要想想能如何成為團隊的資訊供應者。員工會更有成效，而有助於你完成得更多。「知識不是就業保障，也不是權力。」美國航空（American Airlines）的網絡與機隊策略常務董事希瑟・桑普（Heather Samp）說。「分享知識會讓你邁向其他的挑戰，並以不同方式把自身的專長散播出去。」

／減少自滿／

我們常會抗拒共享，是因為別的領導人和團隊並沒有主動這麼做。你所熟悉的企業文化或許是，人員如同在孤島上工作，每個個人都是獨自學習。人很容易就接受現狀，連想要改變時，也會退回舊有的做事方法（像是坐在電腦前上無數的線上課程，以及不把自己在學什麼告訴別人）。

／覺察不同的學習風格／

每個人都有本身的學習風格和需求。當領導人試著以同一套方式來服務每個人時，某些人就會受到排擠，因為並不是每個人都能以相同方式來理解或消化資訊。當你沒能考慮到團隊的偏好時，就無法為他們量身打造。為了在體認差異上做得更好，你需要拿出同理心。去更加認識員工，向他們詢問學習風格和需求，使你能把他們服務得更好。即使團隊中的每個人都需要學習同樣的特定技能，他們做起來也可能有所不同，而假如你把這點納入考慮，事情就會順利得多。

／明智運用科技／

在勞動力分散的大公司裡，有種傾向是讓孤島發展起來。後面幾章會討論到，這些孤島會干涉到團隊合作、溝通，以及如各位所想像到，資訊和知識的自由流動。科技則能以視訊會議和其他線上學習機會的形式來創造出環境，使世界各地的員工都能為公司的整個知識庫主動貢獻。

在此同時，科技也可能會是良好領導的障礙，因為人很容易認為它會替我們做事，而忘了我們才是負責掌控它的人。人性連結會促使人對協作的心態更開放。

靠著打電話或每週開會，你就能確定每個人都拿到所有的資源和訓練素材，這樣才能公開來討論什麼管用、什麼不管用。在開團隊會議時，我們會有既定的議程，裡面包含了優先事項的清單、各人所分配到的時間，以及一連串的休息。這讓我們到場時已為會議準備就緒，並聚焦在會對公司造成最大衝擊的活動上。我們會用科技來設定行事曆和預訂會議室，但在開會期間（普遍）會把電話關機，以便能實地臨場與專心。科技能讓每個人同步，但在對你的公司與職涯進行至關重要的討論時，千萬不要讓它成為障礙。

╱打造共享學習的文化╱

身為領導人，你的工作有一大部分是要讓人員幫助彼此學習，並樹立人人都為團隊成功擔起責任的文化。假如各團隊成員都能主動為他人訓練新技能，團隊就能一起掌握脈動，使所有人更有成效與成功。當下與未來最成功的領導人就是那些擁抱及主動實踐共享學習而非自我學習的人。當你主動幫助隊友時，你就會成為他們能如何更妥善來學習和支援彼此的榜樣。為了打造共享學習的文化，以下是建議清單。

1. 徵求和給予反饋。給員工固定的反饋，然後向他們請益，你就會打造出對於批評和稱讚都能接受的環境，並促進可貴的交談而使每個人受惠。

在反饋研討中問這些問題

- 是什麼阻止你去共享資源？
- 我能如何妥善支援你持續發展？
- 你在嘗試學習新技能時，都是先找哪些來源？
- 你每天都閱讀哪些刊物或新聞網站？
- 你認為是什麼阻擋了資訊在這個團隊中流動？

2.追蹤成就。費心去看看自己和團隊在過去幾個月當中做了什麼，並檢視活動的實際執行結果。想想團隊的成就和員工的個人成就。假如某些團隊成員沒有貢獻那麼多，或是缺乏一定的重要技能，你就需要讓他們加快速度。靠著辨認出落差和弱點，你就能打造出學習生態系來支援每個人。

3.要有彈性。如本章在開頭所提，改變不會停歇，而團隊要適應這樣的改變，則要靠身為領導人的你來確保。你或隊友在研究新的趨勢、技能和潛在商機時，不要把資訊藏私，而要立即共享。但對於新素材要怎麼共享，則要有彈性。把面對面開會、視訊會議、電子郵件和社群媒體適當混搭，就能支援每個人的需求。

4.抱持正面的態度。把身段擺在一邊，以興奮之情來為身邊的人改善生活。在為共享學習而討論時，對批評要加以鼓勵和擁抱，因為你要以此來盡可能獲得最誠實的反饋。在為團隊徵才時，要找那些對幫助他人抱持正面態度的人，並提防那些似乎是聚焦於要當下一任執行長的人。

5.提升他人的專長。人人都有自身的獨特技能，並能擔任授業者，而不只是學習者。隨著時間推移，你跟隊友的互動和他們所產出的實際成果就會讓你知道，他們的長短處是什麼。

要特別關注他們擅長什麼，等機會來臨時，就把他們拉進來互相幫忙。

共享學習文化的重要性

當你和團隊自由而公開地共享知識時，你們就是在建立使整個組織都能受惠的永續文化。當我們請教經理人和人資主管，他們是如何維護和加強職場文化時，超過三分之二說是透過訓練和發展方案。[4]這些可以幫助你增進生產力和效率，因為員工會得到所需要的知識來完成你和他們的目標。共享資訊和技能也可以幫助你增進員工滿意度。我們有多次發現到，在招募和留住員工時，薪水和醫療只是交談的開端；比起其他任何事，員工更渴望訓練能幫助他們在工作和職涯中加分。有些員工或許有不同於他人的抱負，但他們全都關心自己的職涯。他們知道（希望你也是），假如自己的技藝沒有變得更精進，就會無法待得長久。

去人資問任何人，他們都會告訴你，替換員工很花錢。在共享學習的文化中，員工隨時都在習得新技能和精進現有的技能，所以會增進忠誠度並降低流動率。靠著把員工培養成彼此的共同支援者和擁護者，還會改善士氣。重要的是，要使他們的心態從一般的「贏者通吃」

或「人不為己天誅地滅」走向擁抱協作與助人。工作者變得更擅長在老師和學生之間來回轉換時，就會比較謙遜，身段也會放得比較低。

如何對員工教導新事物

在打造共享學習的文化時，有一部分是要了解如何去傳授技能。在職訓練是最好的學習方式，而在幫助你跟同僚建立起更強固的關係上，親自教導可能會無比強大。以下是一些教導他人新技能的方法。

1.對同事發揮同理心。由於你知道他們不知道的事，所以你是師生關係裡的權威人物。為了使他們對與你共事覺得比較放鬆和自在，不妨考慮分享本身的短處，或是你還能有所改善的技能。

2.示範技能。你在展示技能時，要解釋所使用的逐步流程，使同僚能依樣畫葫蘆。舉例來說，假如你向他們說明要怎麼用電腦程式來寫一小段程式碼，那就帶著他們把你是怎麼得到最終產物的流程走一遍，使他們能自行加以複製。

3.鼓勵他們練習。對需要執行多次才會精通的實作學習者來說，這點尤其重要。帶著隊友把你是怎麼應用技能走一遍後，讓他們自行去試作，以便看他們能不能重複你所運用的流程，並達到同樣或類似的結果。

4.給他們反饋。等同事用你所教導的技能來完成差事，就要加以審視。解釋他們做對了什麼，以及要怎麼改善。假如他們遇到了麻煩，就回去第二步把你的流程再審視一遍。在學習和精通新技能上，有的人會比其他人要久，所以要有耐心。

5.後續追蹤。一、兩週後再來開一次會，看看隊友能不能成功落實你所教導的技能，並回答問題或提供額外的幫助。要固定回頭查看，以確保隊友有所改進，並展現出你關心他們和他們的發展與成功。

教導他人的另一個理由是，依照我的經驗，這是你最好的學習方式。我為本書所訪問的人大多都同意這點。「訓練另一位員工不但有助於他把工作做好，還常會幫助訓練員對工作更專精。」貝恩資本的投資人關係資深專員里爾．雷德比說。「當你一直在做某件事，有時候會把步驟草草帶過，或是對慣例習以為常。在訓練某人時，你要按部就班把流程走完。學員也有可能教會訓練員一、兩件事，他或許會問出訓練員沒想過的問題，而使訓練員學到新東西。而且與某人坐下來討論，讓他們第一次以新穎的眼光來看待流程，就能增添新視角。有創意的學員不單會吸收資訊並加以反芻，還會設法改善流程或使它更有效率。」

美國航空的希瑟．桑普跟我講過一位年輕人的故事，他具備了在她看來很傑出的領導潛力。她認為對她的其中一個團隊來說，他會是不錯的經理人，並開始把自己在業務層面所知道的一切教給他。幾個月後，他在重要的會議上回答問題，並設想周到地質問他人，使她深感自豪。「在那一刻，我知道我們都完成了某件事。他完成的目標是學習業務，我完成的目標則是讓自己有人可替換。」她告訴我。「這一刻是我在職涯中的轉型，我從本身的成就中所找到的滿意度變低了，但卻在我可以如何幫助他人來達到目標中找到了它。它是真正有回報的感覺，跟我以前所感受過的任何事都不一樣。」

如何向他人學習

很多人都會認為（尤其是位居領導職位的人），尋求幫助是軟弱的信號。這在教育和訓練上都適用。「它彷彿是說，你沒辦法靠自己成功。」蒙納（Monotype）的內容主任比爾·康納利（Bill Connolly）說。「成功不是零和遊戲。當員工願意既幫助他人又向他人尋求幫助時，每個人都能達成的機率就會提升。我會去找出訓練上和個人的成長機會，而且假如我相信不同的視角能使案子受惠，我就不會害怕去為它請求反饋或支援。」

如果你很年輕，還處在職涯的早期，向隊友學習並不丟臉。「我跟很多較年長的人共事，他們都在思科（Cisco）工作了一、二十年，非常了解供應鏈。」該公司的整合業務規畫經理卡洛琳·岡瑟（Caroline Guenther）解釋說。「我天天向他們學習，他們是一流的老師。思科會成為這麼棒的協作環境，有一部分就來自於此。」

假如你在職涯中比較資深，則要體認到業界的專家就在自己的周遭。其中有許多人或許比你年輕，而且在組織裡可能比你低階。

「同僚會教你的事比任何大學都要多上許多。」漢威的資深主任凱雅·厄里克說。「我正在向團隊學習軟體是怎麼編碼，噴射引擎是怎麼讓飛機凌空，以及衛星是怎麼反射Wi-Fi連線，使你連在飛行時都能維持成效。靠著跟專家共事，我每天都變得更聰明，並且有辦法做出更好的決定。」

如何維持共享學習的文化

身為領導人，你需要創造對的價值、流程和作業，以鼓勵員工共享資訊並向彼此學習。目標則是要增進每個人的共享情報和技能水準，好讓所有的員工更有成效，並對工作更滿意。這麼做或許會帶來挑戰，因為有些同僚只有在強迫下才會比較願意共享，尤其是剛起步時。以下是對打造和維持文化來擁抱共享學習的建議。

- **徵聘協作型員工。**你在評量人選時，一定要花部分的面試時間來評估，他們覺得學習的重要性如何。舉例來說，你可以問的事像是「你願意對同仁員工教導新技能嗎？」，或者「告訴我有哪一次，你幫助了員工完成跟你的工作無關的差事或案子」。這些問題的答案將讓你更加體會到，他有多願意共享知識。你會想要徵聘的人是受智識所驅使，並對學習過程懷抱熱忱。

- **訂出正式的訓練計畫**。要讓所有的員工上車，最好的辦法就是提出每個人都支持的強制方案。不要逕自訂立方案，而要納入每個人的想法。這會使他們覺得比較切身，並增進他們加以執行的可能性。你希望團隊成員對計畫認真看待，就要解釋它會如何加惠他們個人，而不只是團隊。我建議要詳細說明，同僚的表現如何能反映他們本身的表現，以及假如他們先幫助他人，眾人會怎麼支援他們。
- **看到時加以肯定**。當你看到員工在彼此幫助時，就說點正面的話。假如有一位員工在對另一位教導新技能，並使雙方都受惠，就要給予正面回饋。此外，你應該要酬賞那些在辦公時間以外去投資新技能與新能力的人；其他人會去仿效這樣的行為。
- **建立量身打造的學習路徑**。與員工個別交談，以搞清楚他們的工作目前所要求的技能層面是什麼，並聊聊他們需要去學什麼，將來才會成功，而且長短期都要。在當個稱職的領導人上，幫助部屬去了解公司內不同職位的要求是無比重要的。設定現實且合理的期待，並把所需要的技能講明，你就是在為員工樹立成功。他們就會繼而對公司更忠誠與更用心，因而使它更好。

• **學習、學習、再學習**。你和團隊中的其他每個人必須對產業的新發展不斷更新消息，而且更重要的是，你們要共享這些資訊。要做到這點有很多方式，以下列舉幾種。華生（Watson）的內嵌與策略結盟副總裁拉希達・霍吉（Rashida Hodge）是閱讀產業期刊、雜誌、書籍和部落格。REI的內容行銷資深經理暨合作主編帕羅・莫托拉是收聽商業和產業播客。必治妥施貴寶（Bristol-Myers Squibb）的資訊和資料管理副主任約翰・亨斯曼（John Huntsman）是大量鑽研專業市場研究（顧能［Gartner］和弗雷斯特［Forrester］）及產業新聞文摘（犀利［Fierce］和粉紅單［Pink Sheet］）。奇異運輸（GE Transportation）的副總裁兼運輸物流總經理珍妮佛・施普費爾（Jennifer Schopfer）是引進外部的科技與產業專家來對她的團隊教育外部趨勢。團隊成員也去參加會議和貿易展。米高梅國家港的行銷和廣告副總裁克里斯・顧密樂做了其中很多事，但最終偏好與志同道合的個人就適切的主題來展開交談。「這樣才能形塑觀點並能以健康的方式來辯論，而不會有任何潛在的後遺症。」他說。湯森路透早期職涯的人才與發展副總裁伊洛娜・尤爾克維茲在每天結束時，都會挪出十分鐘（有時候是在辦公桌前，有時候是在通勤時）來思考當天學到了什麼，以及它可能會使誰受惠。然後她會把文章、引述、連結和新的想法寄到自己的網絡中。「這不但會增強我本身的學習，還讓我以有系統的方式來共享資源，而有助於維護我的網絡。」最後則是，聯合利華（Unilever）的永續社區品牌經理崔西．夏帕德－拉許金（Tracy Shepard-Rashkin）在去年開啟了每季一次的午餐學習會，把她在會議上所學到最酷的個案拿來做額外的研究，並在用餐時把這些資訊分享給與她共事的一百多位行銷人員。「這很快就成了我在工作上最愛的部分之一，因為它讓我得以把自己非常熱衷的事分享給更廣大的群體，還對我個人帶來很大的好處：同僚開始把我當成了分享有趣文章或提報的首要對象，希望自己可以是下一季午餐學習會的焦點！」

共享學習會拉近世代隔閡

年輕和年長的工作者之間有很大的文化與科技隔閡，但都能從彼此的知識與技能中受惠。較年長的工作者有多年的經驗，較年輕的工作者則有可能因為成長於迥然不同的時期而具備不同的視角。較年長的世代受惠於親自教育和在職訓練，並知道親自會面的價值。在此同時，他們對科技或許不像比較年輕的人那麼內行。同樣這些年輕人在成長時或許得過很多獎盃和動帶（誠然，其中有些只是為了炫耀），但他們也學到了社群媒體的力量，以及要怎麼用它來跟世界各地背景多元的人連結。

年輕的工作者可以對年長的工作者教導什麼

- 會衝擊到內部協作和本身專業與產業的新科技，以及要怎麼加以運用。
- 多元的重要性，以及它能如何使團隊受惠，因為年輕的員工是史上最多元。
- 改變是如何地無可避免，現今的技能到了將來或許會沒那麼有價值，以及要怎麼學習新技能。
- 他們為什麼不該放棄夢想。研究顯示，年

年長的工作者可以對年輕的工作者教導什麼

- 建立職涯的掙扎與挫敗，以及有多年經驗的重要性。
- 幫助了他們建立關係而使他們成功的軟性技能。
- 會讓團隊中的其他人想要對你的學習與發展加以投資的忠誠度。
- 他們在職涯中或許有過的懊悔，以及要如何不犯下同樣的錯誤。

輕的工作者比較樂觀，並可用它來啟發年長的工作者。
- 有助於年長的工作者最妥善來與他們互動、集思廣益及提出新想法的協作心態。

- 如何管理任何公司裡都會自然發生的企業鬥爭，尤其是較大的公司。
- 處理職場衝突的技能，以及利用這些衝突來實際解決問題並在事後形成更強固關係的智慧。

跨越世代隔閡可以為你的職涯加分，並使管理年長的隊友變得比較容易。把這點當成互惠的學習處境，它會有助於以正面的方式來銜接這些關係。艾莉絲艾妮（Alex and Ani）的社群媒體主任潔西卡·拉提蒙（Jessica Latimer）坦承，她有同僚還沒有社群媒體帳號，或者要是有，也不了解要怎麼使用。「我對這點其實很興奮，並選擇把它視為機會來教育他們，而且有潛力來推動他們去加入網絡。」她說。靠著她的努力，同僚從掌握脈動中受惠，她則使自己的方案有了更多擁護者，可說是雙贏的處境！

雖然世代的相關差異很多，但身為團隊的一分子，我們的共同目標就是要執行工作，產出營業結果，並希望沿路建立起強固的羈絆。這就是為什麼所有年齡層的工作者都需要聚集在一起，並聚焦在扶植文化的使命上，使每個人都能不斷學習和改善。

實踐共享學習的關鍵點

1. **助團隊一臂之力而不要求任何回報**。你投資愈多來幫助團隊學習與發展，每個人就會愈成功。不要把資訊留一手，而要共享，使團隊成員得到所需要的一切資源與技能來滿足你的需求，並在本身的個別案子上達成結果。
2. **花時間去了解員工的學習風格**。這將有助於你針對他們的需要來裁量做法。與員工分別坐下來，以搞懂他們在學習新技能時會去找什麼資源，以及你可以如何特別針對他們的發展來給予支援。
3. **聚焦於建立共享學習的文化**。幫忙確保團隊或整個公司裡的所有員工都在彼此公開共享與幫助。這樣的文化將有助於你和他們達到所有的目標，因為就如古老諺語所說，「水漲則船高。」隨著技能的半衰期變短和產業的波動加大，成為共享學習者來跟上營業的需求可說是勢在必行。

第二部

打造團隊連結

Chapter 4

提升多元想法

防止風險不是經理人的工作。
讓冒險安全才是經理人的工作。
——艾德・卡特姆（Ed Catmull），皮克斯（Pixar）執行長[1]

不久前，眾人談到多元時，指的是若干可見的人口統計屬性，好比說種族、族群、年齡和性別。過了一陣子，多元的定義擴展成包含比較不可見的屬性，像是性向、宗教，甚至是教育素養。如今多元變得更加廣泛，現在包含了無形的特徵，好比說教養、社經地位、生活經驗和世界觀。看看下表，它一點都不完備，多元就是由現在其中的許多因素所構成。儘管去自行添加。

多元的類型	
種族／族群	白人、西語裔、非裔美國人、美洲原住民、亞裔。
教育程度	未就學、中學文憑、副學士、學士、碩士、專業、博士。
性別	男性、女性、非二元、跨性別、性別流動。
世代／年齡	沉默世代、嬰兒潮世代、X世代、千禧世代、Z世代。
就業狀態	自由工作、全職、兼職、坐辦公室、遠距。
宗教	基督教徒、穆斯林、猶太教徒、天主教徒、佛教徒、無神論者、不可知論者。
政治偏向	共和、民主、獨立、自由、綠黨。
性取向	異性戀、雙性戀、同性戀、多性戀、無性戀、半性戀。
職業	行銷、工程、營運、財務、會計等等。

有人或許會合理地認為，隨著多元的定義不斷擴展以及社會的人口統計不斷變化（在很大的程度上反映了這樣的多元），公司就會成為兼容的支持者。不幸的是，在世上一些最創新公司的大本營矽谷，包括臉書、蘋果和其他業者在內，雖然有很多公司都說重視多元，但要是去看它們的勞動力組成，會發現同質性高到一如既往。我來為各位舉幾個例子。

- 例如在矽谷，非裔美國人和西語裔美國人只占了勞動力的大約五%。[2] 這些員工常蒙受刻板印象、遭到歧視，以及在升遷時落空，而太常導致他們請辭。難怪這些公司的員工有半數相信，這方面需要大幅改善。[3]
- 職場的女權和性騷擾在全球持續受到探討，而催生出了員工資源團體、活動和會議。雪柔．桑德伯格創立了挺身而進（Lean In）運動來鼓勵女性尋求挑戰並追求職涯，並打造圈子來聚集和支援彼此。儘管如此，女性在全球的資深事業角色中只占了二四%[4]，在《財星》五百大公司的執行長職位中則是微不足道的四．二%。就在幾年前，我在女性會議上演說，在座超過了一萬人。就這一次，我感覺起來像是少數！
- 多年來，有無數文章在嘲笑千禧世代。我們被貼上懶散、白目、自戀和茫然的標籤，十足就是年長的世代向來對年輕的世代所抱持的刻板印象。我們無法動搖這些可怕和多不屬實的刻板印象，原因在於媒體（和社群媒體）放大了它。華頓的市場行銷學教授約拿．博格（Jonah Berger）所做的研究發現，《紐約時報》上最紅的文章就是會引發讀者憤怒的文章。[5] 有愈多刊登出來的文章是在痛批我這一代，媒體公司所得到的流量就愈大，所賺進的廣告費就愈多。不要相信刻板印象！截至二〇一五年，千禧世代已是最大的一代，更不用說是史上種族最多元的一代了，非白人達四三%。[6]

- 拿到大學學位的壓力向來都很大，而且似乎正在加劇。二〇一六年時，所有的美國人將近有三分之一至少有副學士學位，一五%有學士學位，六%有碩士學位。[7] 相較之下，二十五歲以上的人有將近八%有碩士學位，跟一九六〇年有學士或更高學位的比例大約相等。[8]（這或可解釋為什麼有些人會開始說，學士學位是新的高中文憑。）大部分的網路招募工具都允許雇主把至少一個學位都沒有的應徵者刷掉，但有少數的雇主體認到，老是徵聘同樣學校的人，上的課一樣，抱持的心態一樣，會造成勞動力同質性高、比較不創新。包括安永（EY）、資誠（PwC）、奧美集團（Ogilvy Group）和蘋果在內，這些比較心胸開放的公司都降低了對學業成績（GPA）的要求，或面試沒有上過大學的人。

多元想法對團隊的成功至關重要

如我所說，多元的勞動力往往會比較有成效和創意。鼓勵多元則能增進員工投入度，並提高整個組織的財務健全度。不過，勞動力的組成是不可能把每種可能的人口統計都完美、精確地再現。這代表有一類多元是我認為可以達到的。在全球研究中，我們公司向四千多位年輕工作者請教了他們最重視的職場多元類型，他們說的並不是性別、年齡、宗教或種族。他們說的反而是「多元觀點」。我稱之為多元想法，而且我是它的死忠擁護者。聚焦於人的經驗、心態和觀點，就等於是納入了各種形式的多元。

途明（Tumi）的數位長兼副總裁查理・柯爾（Charlie Cole）說，性別、年齡和族群的多元相對容易達成。「我認為有十位哈佛企管碩士的團隊在稱職度上會不如兩位中學輟學的編碼人員、兩位來自雅加達的企管碩士、兩位來自西雅圖的大學校隊運動員、兩位來自亞特蘭大的藝術史主修生，以及兩位麻省理工學院的統計人員。而且坦白說，我不認為他們的程度會非常接近。」

團體迷思是多元想法的敵人

多元想法的敵人是團體迷思，也就是團隊不理會任何反對觀點就達成共識。二〇一五年時，美國環保署（EPA）發現，福斯汽車（Volkswagen）在全世界一千一百萬輛的車子裡（包括美國的五十萬輛在內）所安裝的軟體刻意要給人的印象是，它們對環境比較友善。軟體是設計成只有在檢測期間才會啟動排放控制，以合乎美國的標準。在其餘的時間，它則會排放得比容許限度多四十倍以上。這項發現的結果是，福斯汽車必須花超過一百八十億美元召回車輛，來矯治排放的課題（這還不包括公司必須支付數十億美元的罰款）。[9]福斯汽車不誠實的根本成因在於，它的企業文化是由在缺乏反對觀點下就決定從事這起勾當的工程師所主導。公司在營運上有如寡頭政治，前董事長斐迪南．皮耶（Ferdinand Piëch）的弟弟漢斯．米歇爾．皮耶（Hans Michel Piëch）博士就在監事會裡。[10]團體迷思的風險在於，少了多元想法，組織就會容易做出錯誤的決定而導致財務損失和損害，而且受害的不僅是公司，還有顧客，以及在這個案例中的世界環境。

「多元想法不但會降低團體迷思的風險，還會隨著時間帶來最創新的解方與最高的生產力。」臉書的績效管理負責人費維克．拉沃說。

當辯論沒有很多，當你為複雜的問題找到快速的解方，以及當任何不認同共識的人都遭到嘲笑或蒙受負面的刻板印象時，你就知道團體迷思在成形了。其他要當心的警訊有，儘管有別的證據，隊友卻認同某個決定，而且沒有人不認同或是要鼓勵團隊中的其他人去嘗試新事物（或者更糟的是，眾人似乎害怕採取與群體相反的立場）。假如隊友覺得必須照著你的指引走，不然就會受到懲罰，那你就是在抑制多元想法。

常見的團體迷思說法

「我們就照以前那樣來做這個案子，因為它管用。」

「我們的工作很出色；從來沒有出錯過。」

「不要聽他們的話；他們不曉得自己在講什麼。」
「我知道在場的人全都認同。」
「我們全都覺察到了，這會很順利。」

多元想法會帶來較好的營業結局

多元本來就會有各式各樣的看法，也可能會產生歧見與爭執。只要是帶著尊重來處理，繼而就會催生出創意與創新，而兩者都是高績效團隊和公司的重要特點。雖然某些歧見可能會有惡意，但大部分都無害，而且有很多其實是值得注意的。觸及不同的想法會引發一定的摩擦，使員工投入其中去思考本身的行為風格與貢獻，並使他們重視隊友和他人身上的那些層面。

多元想法也有助於你防範團體迷思，並防止過度自信的「專家」一直自行其是。當每個人對於把事情端上台面都感到自在時，在工作上就會有比較強的連結和安全感，而這就是我們想要的，對吧？辨認和徵聘不同類型員工的正面效益是，等他們擔任管理角色時，他們就會比照辦理；下一代也是，以此類推。

顧客是來自各式各樣的背景，所以要是團隊中的人能更加了解多元顧客的語言和看法，將帶來極大的價值。有了多元的團隊，你就能更加滿足顧客的需求，甚至在一開始就得知他們的需求是什麼。如績效管理負責人費維克．拉沃所說：「顧客在思維和偏好上並不一致，因此我們在發想和執行上也沒本錢一致。」

再者，當你有各式各樣的員工，而在集體上具備相異的技能和經驗時，你就能對組織文化提供得更多。這會帶動更有效的執行，因為來自各式各樣背景的員工能聚在一起以更高的水準來執行，使每個人的個別職涯都受惠，並帶來更高的生產力、利潤與投資報酬。

「向我們購買客戶服務的消費者比以往更多元，而當你沒有來自其他背景的人貢獻時，就容易流於一定的文宣想法、要主打的媒體目標等等。」愛德曼（Edelman）的設計師特色品牌（DC Brand）資深專案監督艾蜜莉．卡普蘭（Emily Kaplan）說。在多元想法的實務上，艾蜜莉為我舉了很棒的例子。「我的星巴克團隊大部分都是白種人女性，但非裔美國男性賈瑞德幫助我們為男性的生活風格媒體提出了很棒的想法，並和我們以前從沒共事過的記者樹立了新關係。他還向我們介紹了像是『黑人推特』（Black Twitter）的趨勢，並解釋這對我們的客戶及工作有何意義。」

缺乏多元想法的十個信號（勾選清單）	
1. 你試著去管控團隊的交談，而不是去影響他們。	
2. 你是在孤島上營運，而不是大開大闔。	
3. 你把隊友的示弱視為短處。	
4. 你因為不想受到評判而對自己的想法有所保留。	
5. 你因為隊友沒有跟你有同樣的意見，就把他們從會議中排除掉。	
6. 你只聚焦於自己的長處，而不考慮到自己的短處。	
7. 你拒絕去挑戰傳統的做事方法。	
8. 你在徵聘和與他人共事時，帶有無意識的偏見。	
9. 你對自己的體系太自在並拒絕改變。	
10. 你不去研究及承認他人的差異與偏好。	

假如你在這份清單上打了好幾個勾，那就需要審視自己對擁抱多元想法的態度。想想你要怎樣才能變得對他人更開放，並把他們的思維納入你的決策過程。請他們審視你的勾選清單，並自己來做做看。這可能會在你們之間創造出有意義的交談，促成一些潛在的正面結局。

科技可能會抑制多元想法

對大部分的人來說和在大部分的職場上，科技都是首選的溝通平台。在理論上，這是不凡的事。畢竟不分族群、年齡或其他任何因素，科技給每個人的管道、權利和特權都一樣。希望科技有助於打造更兼容的團隊。雖然這點在某些地方必定發生過，但科技也造成了工作者之間的數位隔閡，尤其是對不同年齡層的人。由於較年長的工作者在成長時所伴隨的工具跟年輕的工作者不一樣，所以他們要有效應用這些工具有時候會比較難。結果就是，他們要在專業甚或個人的層次上與我們連結，會變得比較吃力。

科技也理當讓每個人在同一個層面上，更容易互相了解與連結隊友，不分地域、語言或文化。不幸的是，文字訊息、動態更新、電子郵件和其他類型的科技型通訊卻是製造問題多過解決，而且或許會在團隊中阻礙了多元想法。

當每個人都依賴各種裝置、應用程式和通訊服務時，花在了解別人的時間就會比較少，而且壓根沒機會去體諒他們的情緒。在收發訊息時，你會少了語調、用語和表情來親自幫助你去體會到對方是誰，而不只是他們說了什麼。科技平台或許使他人在分享想法和思維時比較容易和比較自在，但人在發布時可能會遭到忽略或是在發送檢討自己的內容時也會有所遲疑。

我們都知道，話語雖然重要，有不少溝通卻無關口語；肢體語言和聲調扮演了重要的角色。我們全都有過很多的經驗是，自己對所讀到的東西有所曲解，或者別人對我們所寫的東西有所曲解，儘管我們所說的語言都一樣。事實上，在《性格與社會心理學期刊》（*Journal of Personality and Social Psychology*）上所發表的研究發現，我們自認在九〇％的時候對電子郵件的語調都解讀正確，但其實只有半數的時候如此。[11]

想像一下，當發件者和收件者是來自不同的文化，或是其中一人試著用非母語來溝通時，依賴書面溝通的風險會大上多少。結果常常是隊友對自己的期望有所誤解，在錯的時間去做錯的案子，或是不慎傳達出不正確的資訊。感覺可能會受傷，關係可能會緊張，衝突可能會出現，團隊和公司的表現可能會受挫。科技並不是銜接不同文化和語言的解方，但你可以用它來創造更多的親自會面，並更加體會到人員在想什麼。

在第二章裡，我參考了瑪迪．羅甘尼查德（Mahdi Roghanizad）的研究，發現面對面請求比電子郵件請求有效三十四倍。[12] 嬌生（Johnson & Johnson）的人才延攬和員工體驗全球副總裁舒爾德．格林（Sjoerd Gehring）對羅甘尼查德的研究不熟，但他必定認同它的結論，尤其是關於他的早期職涯，他在跟部屬打交道時，所有的人至少都比他大上十歲。「在比較個人的層次上去認識他們是贏得他們尊重的關鍵。但並不是我所習慣的方式。」他說。「我的首要溝通方式是發簡訊、推特和使用LinkedIn，但這無助於我與新團隊連結。然後我找了某人去吃午飯，一切就動起來了。我們談到了彼此的經驗、背景、家庭和愛好。些微的碰面時間（可不是FaceTime）卻無可比擬。」舒爾德的建言是什麼呢？「從他人的視角來看事情是必須的。加把勁去建構個人連結，才能得知什麼會激勵團隊，以及他們是如何溝通。這會使你在領導他們時變得稱職許多。」

想像一下這點：你和同僚來回發簡訊幾天了，以試著把格外有挑戰性的案子給完成？但你們始終無法完成，而且老是被老闆退件。你八成沒有意會到，卻有意識地選擇了不納入多元想法。你們的數位對話顯然並不管用，你所做的一切就是去找出很多不同的方法來解決問題。帶入一、兩個新視角或許才是成功所需要的一切。靠著舉行親自會面而不是發送簡訊，你要對不同員工的意見敞開心胸。在形成可能會影響到整個團隊的營業決定前，應該要把他人各式各樣的觀點納入考慮。為使解方更精細，可用親自會面或電話會議來納入他人的看法，以避免受到科技所禁錮。

多元想法的其他障礙

科技在職場上可能會是多元想法的一大障礙，但還會帶來其他問題：

- **溝通上的課題。**彼此之間因為使用不同的語言，或是來自同一個國家的不同地方，導致相同的用字可能是指截然不同的事。假如你對其中一位隊友說的事遭到了曲解，要把論點釐清就需要花更多時間。從處理截止日期和授權，到與隊友溝通和化解衝突，人是怎麼做每件事在文化之間存有很大的差異。你需要為每個人打造更安全的環境，並花時間去認識各個隊友和他們的特定需求與風格，以便與所有人有效溝通。

- **外在阻力。**對於你在落實多元想法上的努力，上司甚至是隊友不見得支持。
- **承擔風險的內在阻力。**作家史蒂芬・普雷斯費爾（Steven Pressfield）把這點稱為「阻力」，或是腦袋裡告訴我們要小心的聲音。接受現狀與自滿遠比拿自己的心情、感覺和聲譽來冒險要來得容易。[13]不過，後者其實會使你獲得更多信心，並有機會帶來正面的改變。我們有時候會受困於「我們向來都是這麼做」的心態，這樣事情就不可能真的做到更好。
- **無意識的偏見。**不管喜不喜歡，我們全都會受到事件、人物、媒體和其他因素所影響。光輝國際（Korn Ferry）的研究發現，四二%的工作者相信，以多元來說，勞動力中帶有無意識偏見的因素。[14]我們本身的偏見可能會把橋梁變成高牆，並損害我們的工作關係。

如何有效管理多元

在納入他人的想法和使員工在工作上感到更自在，我們全都能做得更好。為了有效管理多元，你需要對非正規人選更開放，在個人的層次上去認識人員，打造支援人員的安全空間，以及在看到多元時加以酬賞和肯定。

1. 徵聘非正規人選。為了讓團隊達到對的多元水準，你必須改變徵才標準。不要光看人選的成就和念的是哪所學校。要問他們的愛好，誰和什麼對他們影響最深，以及他們在工作以外的興趣。從工作說明到面試過程，你的資格應該要放寬，並應考慮到無意識的偏見，好讓你到最後不會因為某人長得是什麼樣子就加以捨棄。只因為某人沒有學位，或是在你以前從來沒聽過的國內地區長大，並不表示他就不能為團隊增添特別的東西。

徵聘非正規人選的領導操練

在面試過程的期間，讓這些人選挑戰你們團隊目前所做的案子，以腦力激盪出新的想法。你不必特別提到案子是要做什麼，而要試著去看出他們有多善於獨立思考，以及他們的想法跟你或同僚所提出的是否有所不同。假如他們能建設性地評論你的思考方式，或是提出截然不同的東西，那要是你決定徵聘他們，他們或許就能帶來一些備受需要的多元想法。

---

2. 了解個別需求。不要光從遠處去觀察團隊，而要訂出一對一的親自會面去更加認識隊友。不要特地傳簡訊或即時通訊，這並不會讓你體會到他們的情緒、看法和創意。有時候你需要往內看，對事情才會得到向外的、比較普遍的看法。舉例來說，你有一位員工對時間管理感興趣，另一位則是毫不關心。有一位可能比較內向，而另一位是派對咖，想要規畫每場交際活動。另一位偏好由團隊把事情跑一遍再來決定，而還有一位或許是先行動，等事後再來徵詢反饋。你需要去認識與你共事的人和他們的習慣，這樣才能以最有效的方式來領導他們。

了解個別需求的領導操練

與各個員工坐下來，詢問他們最強固的價值。在交談期間，把你最強固的價值與他們分享。如此一來，你們雙方就能更懂對方。藉由懂得對方的價值，你就會更加體會到雙方關心什麼，以及要怎麼最妥善地把員工整合到團隊裡，評估他們的能力，並扶持他們。在這樣的一對一會面期間要做筆記，並在事後與各人分享。

3.打造安全的空間。當Google的經理人著手追尋來建立更有成效的團隊時，也就是名為亞里斯多德專案（Project Aristotle）的案子，他們訪問了公司上下數百位員工。他們想要用資料來找到適當混搭的員工，以辨認出領導人。他們發現到，最好的團隊會尊重彼此的情緒，並謹記所有的成員都該為交談做出平等貢獻。有安全的環境，使人在互動和共享視角時感到自在，團隊才會成功，並比他人更有成效。[15]這些安全和保障感會減少員工的壓力，並鼓勵他們共享想法，而不是把它藏私。

打造安全空間的領導操練

假如能匿名來做，人普遍會比較願意共享想法。你在應對下一件案子時，要團隊中的各人在索引卡上寫下自己的想法，而不是名字。等你把卡收齊，就把想法列成清單，並把類似的歸在一起。接著開會來討論想法，並取得團隊的反饋。注意誰公開拿想法來邀功，誰則是保持靜默。這會使你體會到需要對誰花較多的時間，因為他們需要較多的自在與安全感。

---

4. 對設想周到加以肯定。當你看到員工勇敢又開放時，就要告訴他們做得很棒。讓他們知道共享想法是受到鼓勵的，他們共享得愈多，團隊就會愈有利。找個小小的方式來酬賞這類的行為，而且一定要針對個人來裁量酬賞。（有的人會偏好公開肯定；有的人則更喜歡星巴克禮品卡。）以這種方式來誘導員工，將來他們在領導角色上就會對員工比照辦理。但要跟這些酬賞分開的是，績效型誘因所酬賞的是創新、流程改善、創意，或是靠創新來得到可觀的盈餘結果。我在跟華頓的教授亞當．格蘭特交談時，他勸我要「體認到，有異議的意見即使是錯誤的也很有用，所以要花心思去酬賞。對公開不認同你和批評你的人則要加以提拔和讚賞」。[16]

對設想周到加以肯定的領導操練

用協作或社群媒體的平台來鼓勵員工互相分享想法或稱讚彼此。這類的即時反饋與肯定會給人更多信心，建立團隊的同袍之情，並扶植多元的文化。身為領導人，你應該要率先發文，以立下先例並顯示出你對肯定他人的用心。希望他人看到你上車時，就會以你馬首是瞻。

5.鍥而不捨地溝通。嬌生的格林告訴我，他在現職上的首波舉動之一就是，把寫著「想法重於頭銜」的大海報貼在他的辦公室外。它所傳達的訊息是，有想法比其他任何事都重要，不分出身或資歷。但貼海報並不夠。「我拚命從團隊中挖掘出那些想法，並利用他們豐沛的經驗。我鍥而不捨、及早並常常主動探詢。我週週都製作影片來介紹我的領導風格並加以定調。我很看重把社群媒體當成管理工具，對內和對外都是。透明和直接的溝通會有助於你贏得團隊的尊重，尤其是結合上清楚的願景和目的感時。」

6.鼓勵人員共享想法。世界各地的成功領導人有各式各樣的方式來做到這點。組合國際（CA）的資深行銷主任派翠西亞・羅林斯（Patricia Rollins）在每通團隊電話中，都會撥出幾分鐘來仔細思考什麼管用、什麼不然。「我會鼓勵『容易被開除』的想法（真的是跳脫框架來思考的事）來幫忙轉變我們的角色。然後我會對那個想法分配案源，以使它獲得執行。」奇波雷墨西哥燒烤的訓練主任山姆・沃羅貝克則是鼓勵團隊在工餘之暇試驗新方案。「只要想法是跟我們試著要解決的問題有所牽連，他們就大可出手去解決課題，並把它帶進團隊。我們有些帶來最大轉變的想法就是這樣浮現出來的。」阿卡邁（Akamai）的策略與營運資深主任羅斯・范伯格（Ross Feinberg）也有不同的做法：「我最愛問的話就是：『你認為呢？』

而且我一定會在現場走動，好讓每個人都發聲。有些人不會隨便透露思維，所以需要直接去問他們，但這些人常常會有最好的想法。」在利寶互助（Liberty Mutual），珍娜·雷博（Jenna Lebel）團隊裡的每個人都有權去冒聰明的險，即使到最後是失敗收場。「我們相信，有時候你會贏，有時候你是在學習，但對我們都同樣地有價值。」身為品牌與整合行銷副總裁的雷博說。「而且我們會據以酬賞團隊——我們會酬賞成功的想法，以及壓根沒做起來的想法。團隊會自在以對，知道自己能嘗試新事物，並有創意地應對挑戰，而不用畏懼萬一事情不順利的後果。我們全都知道失敗沒關係，但我們需要失敗得快，並帶著所學往前進。」

如何提升職場上的多元想法

除了剛才討論的領導技巧外，想想要怎麼扶植整體的文化來提升多元想法。聚焦於文化可以為徵才、管理和晉升帶來長期的正面衝擊。它還能為將來的領導人樹立成功，因為公司的DNA所貢獻的不只是員工層的構成，還有人員對彼此的行事與思考方式。以下一些步驟有助於各位打造文化，以便在當下與未來支援組織。

1.評估目前的處境。長遠、費心地去看招募流程，以及團隊和公司是如何（是否有）支持不同的視角。做員工滿意度調查，以辨認出目前在多元上的挑戰與機會。人員在共享新想法時，有沒有受到支持？他們有沒有覺得自己的聲音被聽到，以及想法被納入新的流程和案子裡？對於充分擁抱多元想法時所需落實的新政策、指導原則和交談，這會讓你有個概念。

2.爭取主管的用心。一旦發現所面臨的障礙與課題，就把它寫下來，並用調查中的資料來向管理階層論證說，事情需要改變。一旦經理人確信了是有問題，就要他們用心來支持你出手去化解這個問題。

3.訂立作戰計畫。在判定對多元的態度和隊友所面臨的課題後，就到了擬訂計畫的時候。計畫中應該要包含你對解決問題的建議，以及你可以擔起責任的時間表。舉例來說，在第一週當中，你應該要開起始會議來提報投入度調查的結果，並徵求人員的意見。

4.度量結果。在落實作戰計畫後，向團隊發出同樣的調查，以看看有沒有任何改善。希望你能用新資料來支持你對主管團隊的論證：應對這個問題使你的時間花得值得，也會讓團隊和組織受惠。

兼容的操練

拿一疊有色的便條紙，在下次開會時對團隊成員各發一張。把這當成《大富翁》裡的免費出獄卡，只不過它其實是免費冒險卡。目標是要鼓勵員工分享新的想法，結識新的人，或是做其他似乎有點（或滿）嚇人的事，同時使這麼做不再令人生畏。

這些免費冒險卡的但書是：(a)它必須在季末前使用，而且一旦使用就必須繳卡。(b)假如卡在當季沒用，它就會衝擊到你的薪水或獎金。對不執行訂出罰則，以強迫隊友去行動，用意即在於此。

如何管理不同的多元處境

身為領導人，你無疑必須去應付各式各樣需要對多元加以管理的處境。在跳進去之前，重要的是要退一步去對實際的概況得到清楚的看法，了解所牽涉到的人員是來自何方，並找出與他們共事的最佳方式來達成決議。本節是在討論一些或許會遇到的處境和化解方法。記住，歧見有兩類：會形成更強固的羈絆，以及會對團隊或顧客造成損害。我在此所聚焦的是第二類。

／處境：你身為年輕老闆正在管理較年長的工作者／

身為年輕領導人，你或許會發現自己所管理的人比你年長。有的年長員工對此無所謂，但有的或許會覺得，自己才應該是出面來管理的人。在我的研究中，我發現有八三％的人看過年輕的員工管理年長的員工。[17] 年長的員工有近半數覺得年輕的員工缺乏管理經驗，而在態度上可能會對公司的文化產生負面的衝擊。在此同時，年輕的員工則有超過三分之一相信，管理年長的員工相當困難。

全錄（Xerox）的CP基礎設施與分析經理阿米特．特里維迪（Amit Trivedi）新任經理時，他所碰到的經驗是，較年長的隊友使他對代溝有了不同的想法。隊友告訴阿米特：「我們從來都不必改變這道流程，它向來都很管用。」阿米特則希望改善流程，並問了若干問題，包括：「假如流程改了，會出現什麼問題？」以及「有沒有什麼可能的方法來讓目前的流程更有效率？」所衍生出的討論使阿米特和同僚有機會來探討彼此的視角，並設法在想法上彼此協作。

我們來想像一下，有一位年長的部屬對你很失望，因為你向來都認為自己是對的，而從不考慮他們的意見——（在他們看來）他所依據的則是遠多於你的經驗。你要怎麼辦？

第一，在得出任何結論或向他們推銷你的看法前，你需要去洞察員工的觀點。第二，你的溝通風格要去適應他們的偏好。假如他們想要面對面開會，就不要強迫他們寄電子郵件給你。年長的工作者常常比較「傳統」，你需要說他們的「語言」才會置身相同的狀況，並表現出他們所渴望的尊重。最後，保持開放的心胸，不要假定他們的年齡可能會影響他們的思考或能力。把他們的想法納入你的最終決定裡，好讓他們覺得切身與受到重視。

我所請教的每個人都認同，不分年齡或職銜，大部分的員工所想要的東西都一樣：改善公司以及它的產品和服務。在達成這個目標上，沒有一個世代是獨占「對」的方式。百加得的下世代長妮姆・戴史瓦德在告訴我時說得好：「所有的世代都需要了解到，在工作的這個新世界裡，我們較少受到常規、組織和階層所束縛，而且這樣的實驗是創新所必須的。」

╱處境：你的國籍跟員工不同╱

一如討論，職場正日益變得更多元，你遲早會跟非共有族群或地域背景的人共事。比方說你是中國人，而且你和美國同僚正在把一大堆投影片拼湊在一起，因為在即將到來的會議上，你們要聯合發表提報。由於你們的差異，你發現自己花了大量的時間在談要怎麼劃分工作和提報時間，以及應付一大堆其他課題。而且你頗為確定的是，假如共同提報人比較像你，就不會出現這情況了。你要怎麼辦？

第一，與共同提報人坐下來，問他們認為提報該怎麼組織，以及怎麼劃分責任。在他們發表意見後，把你的分享出來。如此一來，你就是在表現尊重，並傳達出你關心他們有什麼話要說和想要扮演的角色。假如有任何語言障礙，或者對於一定的用字或說法可能會對聽眾翻譯成怎樣，你感到不自在，那就請他們幫忙修改。最後，你們雙方應該要講好，哪些投影片是由誰來負責，以及準備最終提報的時間表是怎樣。

度量多元想法

儘管人性連結強大，我們還是需要硬性指標來證明我們賣力工作的價值。好消息是，多元想法是有可能以多種方式來度量，以便為團隊、公司和顧客提供價值。每季度做五分式的員工滿意度調查，你就能度量多元是如何衝擊員工的快樂、福祉與生產力。假如在整體的員工滿意度上，你從三分進步到了五分，那你做得很棒。在調查中，要針對多元想法來問特定的問題，好比說「你是如何從多元團隊中受惠？」和「多元對你的整體表現衝擊多大？」。假如答案屬正面，你的團隊就可能是其他團隊或整個公司的榜樣。透過你對多元想法所形成的決定來感染其他團隊，你就能帶來重大的影響力。

度量多元想法的另一個方法是團隊所產出想法的數量和品質。假如團隊的想法造就了成功的案子，所衍生出的成本降低、營收進帳或生產力提高應該很容易被度量。

提升多元想法的關鍵要點

1. **招募對的團隊成員。**要有意識地納入新的聲音。改變徵才流程，使標準更廣而超越教育程度、地域等等。徵才對了，多元想法自然就會發生。
2. **打造安全、支持的文化，使隊友能自由共享新的想法。**人員能降低戒心並感到自在時，就會比較願意參與和協作。
3. **在去認識隊友和員工的信念與觀點前，把科技擺在一邊。**科技可以很有用的是，鼓勵人員想要就隨時隨地貢獻，但在把員工視為個人來體會上，坐下來會面則會更好。

Chapter 5

擁抱開放式協作

撤下想法的種子，然後尋求幫助來使它更好——它並不需要首次亮相就足夠完美。

——貝絲・康斯托克（Beth Comstock）[1]

在過去十年間，我們在團隊內是如何協作與連成網絡已有所演進，而且兩項活動現在對科技的依賴程度都大得多。如今你甚至不用離開辦公室（就這點來說或者是臥室），就能跟十幾個不同國家的隊友和同事開視訊會議。

在調查了全球數千位橫跨所有年齡層的員工後，我發現大部分的人都偏好親自溝通多過使用科技。而且當我問到他們所渴望的辦公環境時，每個人都是選擇企業的辦公室，而不是遠距工作。可是儘管宣稱自己偏好與同僚有更深刻的連結，我們卻出於習慣而繼續太過依賴科技。它固然使我們得以有效率地協作，卻會不慎把我們說自己想要的那份關係給削弱。

在近期的研究中，皮尤研究（Pew Research）發現，年輕的工作者有四〇％把三〇％的私人與工作時間花在臉書上，並選擇傳簡訊、電子郵件和視訊聊天，而不是親自溝通。在比較懂科技的年輕工作者和比較不懂科技的年長工作者之間，這便造成了世代隔閡。隨著新的科技型通訊工具上線（很快就獲得年輕的工作者採用），這層隔閡也變得更廣與更深，並引發了工作上的衝突。例如我們的研究就顯示，年輕的工作者有超過四分之一想要將虛擬實境整合到職場中。對於年輕的工作者來說，使用這種新科技或許看似很酷，但在嘗試解決爭執，尤其是跟年長的工作者時，卻相當不必要且適得其反。

為了更加了解我們如何使自己陷入這種處境，我們來檢視在過去幾十年間，職場的溝通與協作是怎麼變化。在那之後，我們則要來看需要做什麼，好讓職場更具功能與更人性。

連結和協作有賴於新技能

在還沒那麼久之前，組織都是科層式結構，組織圖上的頂層領導人掌控了適切資訊的流動。但隨著科技演進和組織結構扁平化，幾乎人人都可平等取用那些資訊而不分職銜。顧客也是，因為聰明的公司意會到，給顧客更多資訊會改善他們的體驗。

隨著溝通的「媒介」變化，「時間運用」的部分變化得更快。遠在我父母的時代，傳統的全職工作是朝九晚五。如今是全年無休，超過半數的經理人都期待員工在上班時間以外回覆電子郵件和電話。[2] 每當對群眾演講時，我向來都會問聽眾，有多少人在休假時會查看電子郵件，而且鮮少看到有人沒舉手。

接著是溝通的地點部分。在一九八〇年代，員工想要的辦公室是不受干擾，於是公司便替他們設隔間。[3] 在一九九〇年代，員工卻願意放棄隱私，以利於跟他人有較直接的接觸與個人互動，於是開放辦公室運動便應運而生。

如今員工又回到了想要較多隱私和較少噪音。可是在許多組織試著提出另一種一體適用的辦公室設計之際，最成功的辦公室卻是在設計時考量到使用的彈性，包含普通辦公室、隔間、會議室、會談室（為了迅速開會的較小型會議室）、休息區、冥想室、咖啡區和戶外空間。

拜科技和裝置的擴散不斷成長之賜，我們等於在地表上的任何地方都能工作。身為員工，你可以在家裡、咖啡店，甚至是飛機或其他某種載具上工作。身為雇主，讓員工選擇要在哪裡和怎麼工作則至關重要，以確保他們自在、覺得受到支持並處在能發揮創意的環境中。在研究中，我們發現工作者願意犧牲收入來換取這種彈性的比例在成長。我們相信，未來最成功的領導人都會擁抱彈性。[4]

隨著我們體驗到文化、社會、人口結構和科技的改變，職場也會持續演進。當這些改變發生時，我們必須考慮到新的員工偏好、優先事項和行為。下表比較了過去和當前的職場。

	過去	當前
結構	科層式	扁平化
工作排程	結構式	有彈性
資訊	孤立	共享
衣著	商務	休閒

地點	集中	分散
環境	單獨	自選
會議	正式	自發

溝通最重要的部分當然就是「對象」（「會議」大概更為人所知）。而且就像是媒介、時間和地點的部分一樣，「會議」多年來已大為演進。

很久以前，大部分的會議都是親自舉行，大型、正式、編排妥當。如今會議往往比較小型、比較隨意、比較自發。在這樣的演進中，科技當然扮演了要角，使分散各地的勞動力能以一、二十年前絕不可能的方式來共享想法、協作和連結。隨著科技持續演進，會議的定義將持續受到挑戰。

各位看得出來，我是科技、彈性和開放式協作的大力擁護者。但我也看到了流弊：關係較弱和整體的快樂較少。遠距工作雖然給了我們選擇的自由，卻也往往把我們跟事業適當運轉的關係分隔了開來。長年居家工作使我感到孤獨，並開始強迫自己去辦公室，以及在全市各式各樣的地點開會。沒有真正的人際互動時，你就會失去一些使協作有意義、好玩和刺激的人味。《哈佛商業評論》中的一項研究發現，在最有成效和創新的團隊中，領導人都是兼具差事和關係取向。[5]只聚焦於結果的領導人要是不理會達成這些結果所必備的關係，他就不夠稱職。親自的關係比虛擬的關係要強固得多。

單用科技來協作的團隊所形成的關係會比較弱，強固的關係則會使團隊比較用心並降低異動率。一九七七年時，麻省理工學院的教授湯瑪斯・艾倫（Thomas J. Allen）研究了科學家和工程師之間的溝通模式，發現辦公桌離得愈遠，他們就愈不可能去溝通。假如互相離了三十公尺以上，固定溝通的可能性就是零。[6]面對面開會所帶給你的毗鄰與臨場會使協作更有效。惠而浦（Whirlpool）烹飪全球領導人計畫的凱膳怡（KitchenAid）全球類別領導人麥克・麥斯威爾（Mike Maxwell）說：「使用科技可能會感覺起來冷冰冰，而且我比較不願意去問或許會使我看似不幹練的事。相對地我比較有能力判讀現場，並聽出沒說出口的話。要知道事情需要在什麼時候進一步解釋，或者進行不順利的事要在什麼時候割捨，判讀現場便至關重要。」

有許多公司正在轉換以脫離遠距工作，因為他們覺得最好的想法是來自人員在「茶水間」裡的偶發交談。當員工是遠距工作時，它往往就不會發生。有些最大的科技公司正對辦公室的設計投注更多的經費，以鼓勵互動。蘋果在加州的總部或許長得像幽浮，或者可能是五角大廈，但辦公空間超過了兩百八十萬平方英尺，約可容納一萬兩千位員工。場所龐大的目的就是要鼓勵工作者之間和部門之間協作。蘋果的設計長強納森・艾夫（Jonathan Ive）想要「把大樓蓋成讓許許多多的人都能連結、協作、走動與談話」。[7]

在本章裡，我會幫助各位更妥善來連結，並跟同事形成在保持投入、圓滿和有成效時所需要的那類深厚關係。我們就從測驗來開始，以幫助各位看出在職場上協作時，自己有多依賴科技工具來當成支架。

自我評估：你是否太過依賴科技來協作？

這道簡短的測驗會讓你有個概念，自己有多依賴科技，而不是拿起電話或親自會見某人。你的得分愈高，代表科技對你的工作關係有愈負面的衝擊。

我早上醒來時，第一件做的事就是查看電子郵件。

1—從不　2—鮮少　3—有時候　4—經常　5—向來都是

我會試著避免會面，因為我可以改為發送電子郵件或即時訊息。 1—從不 2—鮮少 3—有時候 4—經常 5—向來都是
不在辦公室的時候，我會主動回覆電子郵件，而不是拿起電話。 1—從不 2—鮮少 3—有時候 4—經常 5—向來都是
在一天當中，我會查看手機，以看看有沒有別的電子郵件或簡訊。 1—從不 2—鮮少 3—有時候 4—經常 5—向來都是
我使用科技工具主要是因為，在說明訊息或解決問題上，我認為它比較有效。 1—從不 2—鮮少 3—有時候 4—經常 5—向來都是
我會試著避免親自去化解辦公室衝突，而寧願發送電子郵件、簡訊或即時訊息來溝通差異。 1—從不 2—鮮少 3—有時候 4—經常 5—向來都是

假如你的得分低於二十，那很有機會是具備了必要的碰面時間來跟團隊成員建立較強固的關係。假如你的得分超過二十，就像是大部分已經做過這道測驗的人，是科技成癮者，需

要致力於讓自己戒斷，以利於較個人的溝通形式。

什麼時候要（和什麼時候不要）用科技來跟團隊溝通？

為了幫助各位搞清楚，要在什麼時候和怎麼使用科技，本表針對各位在職場上會遇到的各式各樣處境，解釋要怎麼做才對。

活動	要怎麼做才對
排訂與同僚會面	利用 Google Calendar、Microsoft Outlook 或別的程式來排定會面，但一定要是電話、視訊會議或親自交談，使你能看到（或至少聽到）所要會面的人。
處理使雙方情緒不爽的職場衝突	把科技整個跳過，直接對同僚談話（或最起碼要拿起電話），以確保表達出情緒，並使衝突獲得化解。
讓同事或經理人知道你要請病假	以電子郵件告知團隊，你因病而不進辦公室，但假如有必要，你可以回覆緊急電子郵件。

向團隊和組織分享新想法

不要用電子郵件把你的想法寄給團隊，要等到當週會面時再來分享。如此一來，團隊才能對它挑毛病，幫助你去改善，並有潛力加以採用。

既然各位對於要怎麼改善溝通方式有了概念，我們就來談談親自連結的重要性，以及要怎麼樹立更開放的文化。改善自己，你也是在為同事立下好榜樣。反過來說，未能改善自己就會影響到你的整體福祉，要成為高度稱職的領導人也會比較吃力。

孤島：協作的敵人

當你處在組織孤島時，你就知道目前的協作不管用。當團隊和部門處在孤島上時，他們就不會與他人分享資訊，進而就會降低營運效率、耗盡士氣和孤立員工。假如兩個團隊在做同一件案子卻互不知情，代表彼此在協作上大有問題。當團隊願意主動與他人分享目標、進展和結果時，你絕不會陷入這種處境。要不是兩個團隊一起做，就是其中一個團隊應該要徹底停下來，而不是跟另一個團隊競爭，以看看誰能先把案子完成。

孤島會發生在有權力鬥爭和缺乏合作時。假如另一個團隊對於和你會面沒有抱持著開放心態，或是在至關重要的資訊上似乎有所保留，協作就會不管用。

協作破局的另一個信號是，開了會卻毫無成果。白費時間的會議會使員工沮喪，並導致他們去找藉口來閃避未來的會議。我們每週有超過三分之一的時間是花在坐著開會上，而且幾乎有一半的員工相信，這些會議大多是在浪費時間。[8]當會議不管用時，協作就會失敗。

用科技來刻意促進人性互動

不要依賴科技來協作，而要用它來跟團隊形成更有意義的連結。以和他人溝通來說，我算是內向的人，向來都發現躲在電腦背後比較容易。在中學的暑期實習期間，我打了一千多通推銷電話，但我寧可寄電子郵件，也不要冒險讓人在電話裡告訴我：「我沒興趣。」同樣的，透過電子郵件被打回票會比較不刺耳，而且比起在電話裡或親自被拒絕，我也遠不會認為它是針對個人而來。基於這個原因，在我的職涯早期，我偏好使用電子郵件和社群網路來主動探詢關鍵的主管和成功的商界人士。只不過隨著時間推移，我也能靠著電話或親自會面來把其中許多的電子郵件交流轉化為很棒的事業關係。自此我就意會到，最初的數位交談是很棒的引介方式，但親自會面形成了更強固的羈絆，而為我的人生帶來了更多機會。

我先前討論過，我們的私人和專業時間幾乎有三分之一都花在臉書上。除了臉書，我們一天大約要花六．三小時來查看電子郵件[9]，而且一天所發的文字訊息超過了三十則。[10]我們很享受這些平台的即時滿足和無縫接軌，但它們並不像所呈現出的那麼有效。有很多人都對收發訊息成癮，但簡單的面對面開會可以省下許多時間、心力和情緒。(可別忘了瑪迪．羅甘尼查德的研究發現，面對面請求比電子郵件請求有效了三十四倍。[11])

親自溝通會使建立信任比較容易，因為別人會根據你的語調和肢體語言而更加體會到你是誰。假如太過依賴科技，你就會失去創造信任時所必備的人味和情緒。沒有碰面時間，你就被迫要依賴他人來對簡訊、電子郵件、即時訊息或社群媒體更新有所回應，對你的關係來說則會變成是負債大於資產。

當隊友擔心較多的是想要使用什麼樣的協作工具，而較少是共享資訊來完成目標的想法時，你就是有問題了。這些工具有價值，但焦點應該是要支援隊友，並鼓勵共享視角和想法。科技不應被過度濫用，而應是促進更多人性連結的起點。

在團隊中提升開放式溝通的文化

在調查全球數千位員工後，我發現眾人普遍想要開放、誠實和透明的溝通。我們寧可要的領導人是對我們開放與誠實，而不是自信、有雄心、用心、甚或是啟迪人心。[12]這是因為開放和誠實會打造出必要的信任來形成強固的關係與團隊。以下是一些在團隊中提升開放式溝通文化的方法。

1. 讓團隊中的每個人都用心於開放與暢通。要做到這點，最好的辦法就是事先訂出員工認同的基本規則。舉例來說，假如你有辦公室，你就該敞開大門，以鼓勵任何團隊成員來串門子並分享想法或課題，而不會有疑慮。試試底下的開放式溝通操練。

開放式溝通的操練

在一場全員會議中，要各團隊成員寫下過去這週來的一項成功和一項掙扎。把你視為成功的事寫下來的簡單舉動有助於你對做完的工作覺得感恩，而把掙扎寫下來則是在承認自己不完美，並且可以有所改進。在各團隊成員把兩項都寫下來後，要在現場走動，以鼓勵每個人分享自己寫了什麼。在各成員討論過掙扎後，其餘的團隊成員就該去公開討論要怎麼做才對，以克服現在的障礙，並防止它未來再次出現。假如每週都重複這項操練，你就會開始打造出成敗都受到公開談論的文化。這有助於更快解決問題，並使隊友覺得更自在。這類的開放式溝通也有助於你和團隊一發生小課題就去解決，而或可阻止它後來變成更大的問題。

2.擁護即時的反饋。我們的研究顯示，員工（尤其是年輕員工）會想要固定反饋，而沒有太多耐心去等待一年後的績效考核。在提供頻繁的反饋上，要讓團隊自在以對。這要從你做起。假如某一位隊友在會議中是以令人生厭的語調來分享新想法，事後就要跟他聊聊，並解釋想法雖然很棒，但有更好的方式來溝通。

3.共享待辦清單。你或許認為，在自己的差事與目標上應該要藏私，但加以共享其實會增進把它完成的機會。當同事知道你在做什麼和優先事項是什麼時，他們幫助你去完成的可能性就會高得多。靠著共享每日或每週的待辦清單，你們就能對自己（和彼此）問責。假如你落後了，團隊就能幫忙你應變。

共享式待辦清單範例

這個簡短的例子是，我們公司在規畫主管會議時所用的共享式待辦清單。在我的團隊中，每個人都會分配到一連串的差事，我們會彼此分享，以確保我們全都掌握相同的狀況，我們的努力沒有重複，而且每個人都受到問責。我們全都有共同的目標，就是要讓大會成功，並平均劃分隊友的責任，使他們發揮出自己的長處。以下就是團隊待辦清單的例子。

同僚一

- 主動探詢大會的潛在講者，並設定通話來審視他們的內容與期望。
- 把講者的簡介、照片和講題寄給同僚五，以涵蓋到網站中。

同僚二

- 主動探詢贊助商，以通知他們有大會和現成的付費演講機會。
- 審視議程，以確保它完備，而且各場提報都有分配到足夠的時間。

同僚三

- 蒐集講者的提報，並用我們的範本把它格式化。
- 把前置工作彙整在一起，好讓出席者在會前審視。

同僚四

- 聯絡主管，並邀請他們出席大會。
- 監控大會的盈虧，以確保它維持獲利。

同僚五

- 設立大會網站來展示所涵蓋的議程、講者、地點和講題。
- 以電子郵件來寄發資料庫，以通知其中的人有新的大會，並登錄報名內容。

同僚六

- 致電飯店去安排保留房位，使出席者有充裕的空間。
- 掌握出席者名單，確定每個人都已敲定。

把開放式溝通建立到團隊文化中極為重要，這樣成員就不會怕表達出自己的意見和感受，連新招募成員在針對你的工作風格來提出想法時也是。為了做到這點，千萬不要懲罰隊友的誠實。反而要尊重他們，因為他們所要求的是對團隊最好的事。

希望團隊中的每個人都會想要貢獻想法。但身為領導人，那些豐沛的想法可能會使你陷入必須選擇某些而不是另一些的不自在局面，畢竟你無法一直讓每個人都滿意。只是要確定的是，每個人都充分了解你選擇某個選項而不是另一個的原因。

連在開放式溝通下，衝突也可能會持續出現

儘管盡了最大的努力，工作上的衝突依然會發生。這代表在它失控前，每個員工都需要知道怎麼去管理。邁爾斯－布里格斯公司（Myers-Briggs Company）CPP估計，員工每週幾乎要花三小時來應付衝突。年長的工作者或許會把你拉到一旁，當面請你來幫忙把爭執擺平，但年輕的工作者往往會試著從遠處來解決問題，通常是躲藏在裝置的背後。不幸的是，這種做法通常會事與願違，使小爭執原可在五分鐘的親自會面中擺平，到最後卻炸了一整週。

由於發簡訊和即時通訊是技術上的溝通形式，所以給人的印象就是在打造人與人之間的關係。但這些關係極為浮面。結果就是，它並不會幫助工作者充分表達出自己的情緒，了解他人是來自何方，或是一起致力來解決問題。在此同時，它會阻止工作者（尤其是年輕而比較可能會透過裝置來溝通的人）與團隊中的他人充分連結，而使他們感到比較孤立，並且較不親近理當要與他們協作的那些人。

／如何減少辦公室衝突／

1.了解隊友的需求、工作風格與個性。想想他們最有回應的是什麼，以表現出對他們的尊重。根據他們過去做過什麼來得知他們的溝通偏好。從他們的肢體和口語中觀察線索，以進一步了解在和他們共事時，你需要多隨意或講究。

2.裁量你的通訊、語調和用語，以消滅任何曲解或誤解的空間。舉例來說，一位較年輕的團隊成員可能想要的是即時通訊平台上的簡短、簡潔訊息，而較年長、較有經驗的工作者可能想要的則是正式、親自的討論，或是有好幾段內容的電子郵件。

3.固定鼓勵和支援團隊。團隊成員不會想跟那些主動嘗試去讓他們更成功的人開戰。幫助團隊成員解決問題，給他們所需要的資源來執行可能會有麻煩的工作，或者去做件好事，像是請他們喝咖啡，他們就會比較不容易想跟你槓上。

4.尋求幫助。有太多人都怕去尋求支援，因為我們不想被認定為對工作不勝任。假如你發現自己對同僚感到沮喪，聰明之舉是去向自己的經理或受人信賴的導師徵詢建言。外部顧問或許能幫助你在潛在衝突出現前把它辨認出來，或是在問題惡化前把它解決。

5. 訂出職場衝突的指導原則，以便在衝突發生時迅速擋下。建立文件來涵蓋團隊成員在通報衝突時所應遵循的基本步驟，以及在開始化解衝突時所應自行採取的步驟。小課題可以在同事之間處理掉，大課題則應向管理階層通報。

不幸的是，無論你做什麼來防止衝突，你都控制不了其他人要做什麼，以及衝突會在其中一天爆發。當這點發生時，你需要在衝突管理流程上準備好，好讓事情運行起來盡可能順暢，防止工作和案子延遲。

／如何化解辦公室衝突／

1. 在急著去化解事態前，聽聽所涉及的各方怎麼說。
2. 讓團隊成員表達他們的感受、意見和挫折，這樣你就會得知怎麼從他們的視角切入。
3. 清楚定義出問題是什麼，再判定接下來的行動對策，使你能進一步去解決。
4. 找出因為分歧而產生的認同問題。

5.針對解方來跟各方腦力激盪，使他們跟結局有利害關係。一旦選出一個解方並獲得認同後，就要確定各方全都用心在前進，並了解自己需要做什麼來防止同樣的問題再次發生。

化解衝突的操練

試想你現在正在應付或者將來要應付的衝突。然後拿張紙（或在電腦上開啟文件）把它分成兩欄。針對衝突另一方的人，在左側把你對自己所說的故事全部寫下來。在右欄把可觀察到和客觀的事實全部寫下來。審視兩欄，邊試著去辨認出，在一起或多起所列事實的證明下，你對自己所說的哪一則故事為假。這項操練會幫助你排除掉或許會阻止你去化解衝突的不必要情緒，並確保你能以更成熟的方式來處理。

╱如何處理各式各樣的辦公室衝突╱

不管喜不喜歡，各位在職涯的歷程中都會遇到形形色色的衝突。對於各位或許會碰到的一些常見處境，為了教各位要怎麼解決，我在此分析兩起情況，所列舉的對話範例則會有助於釐清脈落。

一、管理帶著情緒的員工

你有一位隊友過得不順，因為他覺得不受賞識、覺得不舒服，或者父親遭到了解雇。其中一些處境或許不在你的控制內，但你還是必須去應付這些情緒的餘波。它可能會影響到各隊友的生產力、團隊的成功，以及你和他們全體的關係。花時間去傾聽隊友，並表達同情或關切。對他們展現出和善之舉，也就是正面且出乎意料的事，好比說帶他們去吃午飯，以便把事情吐露出來。

對話範例

你：我留意到跟其他的日子比起來，你今天很低落。出了什麼事嗎？

帶著情緒的員工：身為這個團隊的一員，我覺得自己不受賞識，沒有得到預期的肯定和酬賞。

你：你能不能舉例說明？像是身為團隊的一分子，你達成了某件事，卻沒有因此得到肯定？

帶著情緒的員工：一月時，我們完成了大型的產品首展後，我覺得自己並沒有因為擔任負責打造產品的首席程式設計師而受到任何表彰。

你：我很抱歉讓你這麼覺得。我們下次一定會讓你得到實至名歸的肯定。謝謝你讓我關注到。雖然我要到下季才能發獎金給你，但我會切記這點。

二、管理較年長的員工

假如你是有較年長部屬的經理人，他們或許已對你有懶散、白目或不夠格的刻板印象。他們可能會感到沮喪，因為他們認為團隊該由他們而不是你來管理。這實際上就是白目。在處理較年長的員工上，我的建議是，花時間去了解他們的經歷與抱負。確定他們知道你敬重他們的智慧，並打造反向指點的處境來向他們徵詢建言，而不只是發號施令。去發現他們有什麼訓練上的需求，以及會激勵他們的是什麼，這樣才能最妥善地服務他們。

對話範例

較年長的員工：我不確定我認同你管理這個案子的做法。我在這裡工作了十年，我發現讓現場的每個人都去開起始會議比立刻就啟動案子有效。

你：我很敬重你擁有價值連城的經驗，而且你在這裡比我要久得多。在我的前一家公司，我的團隊是在協作前先獨立工作會比較有效。

較年長的員工：相信我，假如開起始會議，它在整個案件管理過程中會幫每個人省下很多時間。假如你照我的路線走，你在這家公司的壓力就會小得多又成功。

你：既然你以前做得很成功，我會試試你的方法，而且我對新的做事方式很開放。假如這對我不管用，我就會動用我的標準流程，但我們就先給你的方式一個機會吧。

擁抱開放式協作的關鍵要點

1. **用科技來促進實質的連結**。避免依賴科技為單一的溝通手段。
2. **投入開放式溝通**。試著去幫助團隊在指出重要的障礙、想法和疑問時感到自在。
3. **成為主動傾聽者**。傾聽會幫助你辨認出團隊成員的需求、欲望與風格。這會幫助你在衝突發生時化解得比較快，甚至是在一開始就避免問題出現。

Chapter 6

透過肯定來酬賞

有太多經理人都認為是員工在為他們工作；而沒有意會到應該是他們在為員工工作。

——蓋瑞・范納洽（Gary Vaynerchuk）[1]

來到青少年時期，我所累積的足球獎盃已有十幾座，贏過的比賽卻不多。我會固定得到父母和老師的讚美，連我顯然不配被讚賞時也是，並聽到我有多特別。回頭來看，我可以看到我有多享受稱讚與獎賞，但我也看到它膨脹了我對自己的看法（希望到了人生的這個時候，我已加以克服）。我有很多同儕都是在同一類環境中成長，不停受到讚美並聽到自己有多棒。現在身為大人，我們要稱讚、獎狀和獎盃時，則要找經理人，而不是指望父母、老師和教練。

好，所以較年輕的工作者需要很多讚美。這點顯而易見。但對現今的領導人來說，員工需要這種讚美的頻率格外有挑戰性。團隊成員再也不想等上一年才考核（與加薪）。他們想要得到定期的反饋。而假如你要當個稱職的領導人，你就必須照辦。

較年長的工作者會指責較年輕的工作者沒耐心又白目。我坦承在某種程度上，他們八成說得對。不過在這種沒耐心、白目和對於近乎不停讚美的相關需求背後，科技則是其中一股驅力。來想一下：團隊裡有人更新臉書動態，說自己剛完成了大案子，然後平地一聲雷，接下來的一兩天都沉浸在每個認識的人所給的讚、分享、「做得不錯！」和「你真棒！」裡。假如你這個團隊領導人上網貼出群組祝賀訊息，也會發生同樣的事。

處在電子化讚美接收端的人馬上就覺得很棒，隔天也依然感覺良好。結果就是，他們對團隊、領導人和雇主變得更忠誠。但生活會逐漸回歸正常，有一件事則除外：你在幾天前才讚美過的人需要更多的讚美，而且是現在就需要。

一種新的成癮

科技、它所引發的立即滿足加上多巴胺，已造成了顯著的成癮問題。我對這點無比看重。

在大腦的所謂「酬賞路徑」上，多巴胺扮演了關鍵的角色。會刺激這條路徑的是各種帶給我們快感的事物——食物、性愛、藥物、練身體，還有對，讚美。在回應時，酬賞系統會用多巴胺對大腦的其餘部分發出訊息，在本質上就是說：「嘿，那感覺起來真好；我們再做一次吧。」這就是大腦如何說服我們去吃東西和從事性愛，而兩項活動都是延續物種之必需。（當酬賞路徑遭到藥物、酒精或其他物質劫持時，成癮就會發生。）

就我們的工作而言，大部分的人心裡都有底，知道假如工作賣力並表現良好，我們就會得到讚美，而且這會使我們感覺極佳。問題是，由於我們開始習慣得到身邊的每個人讚美，所以我們變得對它成癮，就跟我們變得對裝置（或者就某些人而言，則是可樂或其他藥物）成癮差不多。

沒有反饋時，要知道我們的工作是否重要就會很吃力。所以身為領導人，假如你想要團隊受到激勵與快樂，你的工作就是要確定自己有照做。當你讚美員工時，他們會感受到各式各樣的正面情緒，包括滿意、快樂和享受，而且他們會賣力工作，以持續贏得你的肯定。但假如沒得到，就跟任何在經歷戒斷的成癮者一樣，他們就會感到空虛、不圓滿、不受賞識和不成功。

「賣力工作了七個月後，資深領導人在我所支持的倡議上肯定了我。」愛迪達全球大學的資深專案經理吳薇琪說。「在我受到工作拖累而覺得低落的時候，它使我重新振作了起來，並把我的能量槽注滿了好一段時間。」但一如讚美對遠在第一線工作的人很重要，連位在公司組織圖頂端的人也需要讚美。「身為執行長，員工肯定你的工作並不是你在自己身上常會發現的局面。你則是普遍會肯定他們的工作，而它本來就該如此。」維珍脈動的總裁暨醫療長拉吉夫．庫馬爾說。「會鼓勵到我的莫過於把董事會議主持得成功，並在事後聽到像這樣的評語：『這令人不可置信。但願我們旗下所有的公司都把董事會議開得像這樣。你準備充足、清楚又簡潔。』對我來說，這是世界上最棒的感受之一，也是我感受到最多肯定和最多意義的地方。」

肯定的威力

個人肯定不但能讓團隊成員更賣力為你工作和在公司待得更久，還能在他們的腦海裡留下持久的正面回憶。大部分的人都會認為，HBO的數位內容資深經理凱蒂．盧卡斯（Katie

Lucas）所從事的工作酷斃了。她在HBO有一件早期的案子是，重新推出《權力遊戲》觀眾指南（*Game of Thrones* Viewer's Guide）。它是影集的終極資源，在各集過後都要大量更新。為了讓她在第四季首映前就發布新網站，凱蒂的團隊都做到很晚，在辦公室吃晚餐，並有週末的工作研討。「我工作拚到有短暫的睡眠空檔時，作的都是《權力遊戲》的夢。喬治·馬汀（George RR Martin）的粉絲也知道，這樣很恐怖。」她告訴我。

推出很成功，而過了幾個月，她便獲知她的團隊拿下了互動類艾美獎。「我不敢相信。我是在俄亥俄州克利夫蘭的近郊長大。在我的腦海裡，艾美獎是屬於常勝軍蒂娜·費（Tina Fey），而不是我所認識的任何人。」她假定拿下這座夢寐以求的獎而受到表彰並出席典禮的人只會有主管（雖然她還是打算把它納進自己的履歷中）。後來出人意表的是，創意總監打電話問她要不要去洛杉磯參加典禮。凱蒂去了，並度過了令人驚豔的一晚，有紅毯、摩根·費里曼（Morgan Freeman），以及與拍攝影集並得到五座艾美獎的劇組同坐在《權力遊戲》桌。「那晚對我的意義難以言喻。起初是難以相信我配拿到門票。我當時就對經理說了這番話，他則指出我付出的時間比任何人都要多。如今那張艾美獎的門票就貼在我的桌子上方。」

雖然有很多領導人不會給多少反饋或肯定，但這麼做可以為個人、團隊和全公司帶來顯著的好處。我和百勝餐飲（Yum! Brands）的共同創辦人暨前執行長大衛・諾瓦克（David Novak）談過，他是如何在員工超過九萬人的十億美元公司裡打造出感恩的文化。員工「說到做到」時，大衛就會發給個性化的橡皮雞、起司頭或發條式走路牙齒。他把肯定加以個性化，而避免發給普通的獎牌或獎狀，顯示出他關心和了解什麼才會激勵員工，或至少是逗他們笑！「我們建立了肯定的文化，各個集團、領導人和品牌在全球各地都是以自有的方式來擁抱肯定。」他說。「結果就是，靠著肯定公司上下的員工，我們得以把團隊成員的異動率從一五〇％以上降到一〇〇％以下。」[2]

對於肯定的價值，以下是另外幾個例子：

- 那些以對自己有意義的方式並在工作中獲得一致認可的員工，與一家公司度過職業生涯的可能性要高達十一倍，而對工作完全滿意度也要高出七倍。[3]
- 組織正式的肯定方案時，營業利潤率高了六倍，員工投入度也最高。[4]
- 員工受到肯定時，在工作上高度投入的可能性是兩倍。[5]

稱讚可以比現金更激勵人

金錢或許能讓你招募到一些優秀的人才，但除非覺得受到肯定和賞識，否則他們就不會待在你身邊。如我的導師丹尼爾．品克在他的著作《動機，單純的力量》（*Drive*）裡所說：「我們會離開好賺的工作，而接受所提供的目的感較清楚的低薪工作。」[6]短期來說，金錢或許感覺像是甜蜜的酬賞，而且能買雜貨和付房租向來都是好事，但長期來說，我們都渴求意義。肯定對我們的生活所帶來的作用更強大，是因為它會使我們覺得自己事關緊要。日本國家生理科學研究所的教授定藤規弘表示：「對大腦來說，獲得稱讚的社會酬賞不下於金錢所帶來的酬賞。」[7]稱讚可以幫助你抒解壓力，使你覺得比較有信心，並激勵你力求卓越。

這並不是說沒有人關心錢，他們當然關心。不過平均來說，金錢提供了部分從事工作的動機，肯定則使他們願意真正去投入。什麼事比我們賺多少錢重要？在一項研究中，幾乎有五分之四的員工都回報說，最有意義的肯定比酬賞或禮物要來得圓滿。[8]

在杜克教授丹．艾瑞利（Dan Ariely）的實驗中，[9]英特爾在以色列的半導體工廠裡有一組員工在工作週開始時收到了三則訊息中的一則，以各自針對在一天內把工作全部完成來許諾不同的酬賞。[10]三封電子郵件裡包含了這些誘因：免費披薩的優惠券、現金獎賞，以及經理的難得稱讚。對照組則是沒有收到絲毫訊息。第一天過後，披薩組的生產力比對照組提升了六．七%，稱讚組的生產力提高了六．六%，現金獎賞組的生產力提升了四．九%。第二天過後，有現金獎賞的人反倒表現得比對照組差了一三．二%。到當週結束時，現金組的生產力則掉了六．五%，並使公司的花費更多。在實驗的尾聲，受到經理難得稱讚的組別在全體當中做得最好。個人肯定顯然事關緊要，甚至勝過了披薩！

麥肯錫在近期的研究得出了類似的結論，發現在提高投入度上，好比說經理人立刻讚美、領導人加以關注和有機會主持案子的非財務誘因比像是薪水、現金獎賞和股票選擇權的財務誘因要來得有效。[11]有六七%的主管、經理人和員工說，管理階層的讚美非常或極為有效。相較之下，對調升底薪有同樣說法的則是五二%。在維珍脈動的研究中，我們問員工什麼會使他們在工作上更投入時，有超過三分之一說是「更多的肯定」。[12]加拿大的研究人員問了同樣的問題，所得到的回答則更強烈：有五八%說是「給予肯定」。[13]

以金錢來當成激勵因子會沒有效力，有一個解釋或許是，太多的經理人給予加薪和獎金只是為了防止員工離開，而不是為了酬賞績效。頻繁的績效型獎金或許才會比較有效，尤其是考慮到替換員工在金錢、資源和訓練時間方面要花多少成本。

用金錢來當成激勵因子的另一個問題是，雖然起初獲得現金獎賞時，員工或許會頗為興奮，但等到錢花完了，興奮就會消失，而使他們想要更多的錢。你給的現金獎賞愈多，員工就會愈期待。你永遠都跟不上。這又是另一類的成癮。所以在太遲之前，就要開始給較多的肯定，並停止依賴金錢來促進表現。

整天下來有無數的機會來稱讚隊友，這可以使他們的工作體驗和滿意度全然改觀。下表顯示了五種適合來稱讚隊友的最常見處境。

可給予稱讚的五種處境

處境	要怎麼處理
當下	要稱讚員工時，並非向來都需要計畫，所以不要怕它自發。在當下肯定某個人時，它會顯得比較真心。

開會期間	在開會前想想說辭，以及要怎麼和什麼時候說。我建議各位以向整個團隊致意來為稱讚開頭。接著點名個人，並解釋他所帶來的貢獻為什麼有價值。如此一來，你就不太可能使團隊的其他人不爽。
錯身時	假如你碰巧走過打算要稱讚的員工身邊，就把他拉到旁邊來稱讚。但要快點（當然也要真誠），因為你們八成都在趕往某個重要的地方。
虛擬面	假如想要讚美遠距的員工，就打通電話或排訂視訊會議。這會比發簡訊或寄電子郵件要個人得多。
正式考核	給予稱讚最容易的時候就是在正式的績效考核期間。但不要只稱讚就沒了，而要花點時間來解釋，員工為什麼實至名歸。

問團隊成員想怎麼（和什麼時候）受到肯定

如我所討論過，要肯定員工有各式各樣的方法。顯而易見的是，並沒有任意方法會使每個人產生共鳴。有的人會偏好在同儕（或較大的群體）面前公開肯定，好比說彪馬的女裝商品經理凱蒂．瓦尚；有的人則偏好私下讚賞，像是米高梅國家港的行銷和廣告副總裁克里斯．顧密樂。「我需要的不是大張旗鼓或點名，而是簡單的一句道謝和最深切的感恩。」

有的人或許會受到現金激勵，有的人則是比較無形的手段。「真的假不了。我的確會從肯定中找到滿意度。有人肯定我賣力工作的滿意度八成會勝過給更高的薪水或獎金。」學樂的科技副總裁史黛芬妮．畢克斯勒說。「我們顧問業務的主管以我們的努力為榮，並多次在團隊的現場肯定我們賣力工作。這種表揚和肯定使我覺得自己身在地球上彷彿帶來了影響。」

要搞清楚如何把肯定的效力最大化，以及哪種方法會最管用，最好的辦法就是開口去問。但對一些頗為誠實的答案要有所準備，好比說明思力集團的事業發展主任山姆．霍伊所給我的答案。「我認為較年長的世代有種傾向是，在對待千禧世代時，有如我們是幼兒園生。對於我們賣力工作，他們給的是冰淇淋同樂會和披薩。」他說。「現在我愛吃冰淇淋和披薩不下於別人，但我想要在工作上盡可能贏得肯定，獲得更多的高階頭銜（與相關薪酬）、責任和影響力。在本質上，我們該獲得的酬賞是，在眾所周知的領導桌上握有發言權和一席之地。還有受到如成年人的對待，而不是要人哄的獎盃世代。」

不要怕帶點搞笑。威訊的顧客體驗經理吉兒．薩瑞斯基告訴我，在近期的領導會議前，她帶著團隊去玩具店探險。「我們在肯定員工時，不是頒發獎盃或獎狀，而是對組織最優秀的送上魔術方塊，對最用心的送上紋身貼紙，對最會應變的送上變形金剛，對最可能保持冷靜的送上雪寶公仔。」她說。「這不但是歡樂的頒獎典禮，而且每個人都很高興把獎賞轉送給家裡的孩子。」

以肯定員工來說，另一個要思考的重大課題是，要多常來做。雖然沒有魔術數字，但我幾乎可以保證的是，它需要比你現在做得更頻繁。根據世界薪酬協會（WorldatWork）的研究，公司最常見的肯定類型是針對服務年資，[14]而依照我的經驗，它往往是以五年的級距來累計。這對較年長的員工或許管用，（五十五到六十四歲的人平均的在職任期往往都在十年以上。[15]）但就較年輕的工作者而言，待在任何一位雇主身邊一般都不會超過三年，大部分都是在你有機會讚賞他的成就前就另謀高就了。[16]

較年輕的工作者有的會得到並欣賞當日的反饋，就像是消費者新聞與商業台（CNBC）《收盤鈴》（*Closing Bell*）的執行製作蘿拉．佩提（Laura Petti）。「每天在節目過後，我們都會開檢討會來討論節目的優缺點。」她說。「這種當日的反饋會一直把我們往前推，所以我們永遠不會安於任何未達我們每一天可以去做到最好的事。」對有的人來說，一週一次就很多了（雖然對你來說，這似乎太多了）。奇波雷墨西哥燒烤的訓練主任山姆．沃羅貝克說，任何間隔十之八九都沒關係，只要短於一年就好。「可能是一季或每六個月一次。無所謂。只需要比績效考核週期頻繁就好。」他說。「沒有一個員工在接受績效考核時，是該對自己會怎麼受到評分有所疑問，尤其是資深領導人。」

你在思考要怎麼和多常肯定員工時，還有一個要切記的重要元素：雖然員工並非全都欣賞公開肯定，但有很多較年輕的工作者都發現它很激勵人。你在其他每個人面前讚美隊友時，它會使你們都看起來不錯。每五位員工就有四位說，看到別人的成就受到肯定會使自己也想要更賣力工作，有部分是因為想要受到同一種肯定。[17]

當人員為受讚美員工的成功出過力時，旁觀者效應會格外強烈。「雖然我自己的成就得到肯定能帶來回報，但看到隊友勝出並獲得讚賞會給我更大的成就感。」企業租車（Enterprise）的副總裁兼總經理布萊恩．泰勒（Bryan Taylor）說。「當我看到那些鍥而不捨在工作的人達到目標，而且我能幫助他們沿路克服挑戰來做到時，它就是最圓滿的肯定。」

最後，不要低估個人接觸的價值。我們花了這麼多時間上網，所以超級容易去發推文，貼東西到臉書、公司網站或通訊稿上，或是寄群發式電子郵件。這種讚美固然好，但親自的面對面互動會有效得多。

迅速化解肯定的失策

儘管對獲得的人有不凡的好處，但對那些聽到或看到他人受到肯定，（在他們的心中）自己才是實至名歸卻落空的人來說，肯定和讚美或許會不慎激發嫉妒或其他的負面感受。他們或許會覺得受辱或生氣的是，自己的工作沒有受到賞識，或是認為你所讚美的人不配。而且假如（又是在他們的心中）沒有受到肯定的時間格外漫長，他們或許會感到不安，並開始說服自己，他們永遠不會贏得你的敬重或讚美，或者是得到升遷。在這個時候，假如他們請辭了，你和團隊就會人手不足，而且必須想辦法找人頂替。假如他們沒有請辭，我十之八九可以保證，他們的生產力會因此受挫，而且會開始影響到團隊中其他人的態度。

對於肯定他人可能會產生意外後果的處境，以及要怎麼妥善處理，以下是兩個例子。

處境一：你肯定了一位員工而使另一位嫉妒

比方說你在團隊面前稱讚了一位員工，使另一位覺得自己才配得到同樣的肯定。假如你透過辦公室的小道消息（或直接從他口中）聽到那位員工不開心，就把他拉到一旁來解釋，你肯定的為什麼是另外那位員工，而不是他。例如受到讚美的員工是因為達成了重大的里程碑，那就向不滿的員工解釋，達成這個里程碑對整個公司帶來了怎樣的衝擊。如此一來，你就是在向他傳達，另外那位的成功改善了這位員工的生活，即使它是間接的好處。其次要訂出期望，特別把你覺得什麼事值得肯定告訴他。最後從這位員工正在做的案子中選出一件來解釋，假如做得好，他也會獲得肯定。又是要加以釐清的是，「成功」是長什麼樣子，並問你能做什麼來幫助員工做到。

處境二：你肯定了不配的員工

你感覺到有一位員工不快樂或沒有得到太多關愛，而想要做點什麼來使他不要請辭。下次你看到那位員工時，八成會對他加以稱讚，藉此來為他打氣。但要是另一位受到你很多讚美的員工無意間聽到你對他的隊友說了什麼，而變得沮喪又困惑呢？他是表現頂尖的人，而且在他看來，另外那個人要不是懶散，就是缺乏必要的技能，或兩者都是。為了防止這樣的處境在團隊當中造成問題，你需要讓他了解你的用意，以免他覺得遭到排擠、不受賞識，或是認為你偏袒表現欠佳的員工。

下次不要稱讚得不真切；假如你稱讚的人其實不幹練甚至需要開除，你會很難向法務部門解釋，你為什麼要去稱讚他。

肯定團隊表現

以稱讚來說，當你能（並應該）肯定整個團隊時，為什麼要把自己侷限在個別的員工身上？如此一來，人員就不會覺得遭到排擠或嫉妒。肯定整個團隊也會創造出歸屬感，並增強員工之間的關係。你可以按週、按月或依案子來肯定團隊。以下則是要怎麼做。

1.分享團隊是如何完成目標的特定故事，指出各團隊成員的貢獻，並談論使目標實現的特定行為、長處與結局。舉例來說，假如團隊中的某人準備了業務提報，另一人敲定了新客戶，那就把兩項成就都指出來。沒有提報，業務人員就無從準備去把交易給敲定；沒有業務人員，提報就會晾在那裡，而永遠不會轉化成新的生意。假如團隊裡碰巧有散漫的人，那就把他拉到一旁，談談需要改變什麼事。要給出清楚特定的反饋、可達成的目標，以及你想要看到預期可以改善的期限。假如員工不照辦，或許就是開始尋找替代人選的時候了。

2.鼓勵同儕對同儕的肯定。由你這位領導人來稱讚是很棒，但團隊成員需要知道的是，共事的人欣賞自己。在會議開頭或結尾時，挪出一些時間來讓各團隊成員說說自己欣賞別人的地方。推行三百六十度評量，讓隊友給彼此反饋，使他們養成習慣，改善自己的同時，還要對他人的成功有所貢獻。

3.評量團隊的表現。除了無疑要做的個人評量外，還要開始做固定的團隊考核，以注意到整體的成就和需要改善的層面。每季（或者六個月、一年，或是看多久對你最管用）都要開會來討論你們來到了哪裡和是怎麼來到那裡、你們要往哪裡去和要怎麼到那裡，以及團隊需要做什麼才會比現有的效果更好。在理想上，這不會是只有你的考核類型。你會想要團隊成員全體參與，共享進展，並談論所面臨的障礙。這會有助於隊友更妥善來支援那些陷入掙扎的人。

打造感恩的文化

身為領導人，除了讚美員工外，表達你對他們的感恩也很重要。讚美和感恩的差別看似細微卻重要。一言以蔽之，讚美是讓他們對自我感覺良好，感恩則是表達你對他們的努力有多感激。換個說法就是，讚美是好傢伙，感恩則是真誠感謝。雖然約有半數的人會固定對和自己有關的人說謝謝，但只有一五%會在工作上說謝謝，而且其中有超過三分之一在近期的調查中回報說，他們的經理人從不說謝謝。[18]另一項研究發現，職場是感謝最少的地方之一，有六〇%的人從來不在工作上表達感謝。[19]雅詩蘭黛（Estée Lauder）的全球人才經理艾美・林達（Amy Linda）歸結得好。「人要表示感激花不了什麼工夫，但大家卻鮮少去做。」這很讓人鬱悶，不是嗎？

諷刺的是，表達感恩是相當有效（且低成本）可以提高生產力的方式。在一項研究中，大學把募款人員劃分成兩組。第一組聯絡校友的方式一如既往：拿起電話打去要錢。第二組則是聽了年度捐贈主任的激勵談話，以便對他們所要做的工作表達感激。一週後，第二組所打的電話比第一組多了五〇％。[20]

處在真誠感恩的接收端可以激勵人，但處在給予端也可以。感恩的力道強大到會阻止你和團隊陷入適得其反與降低士氣的爭論。假如你對隊友的賣力工作與支持表達感恩，你就能在爭論發生前加以阻止。根據肯塔基大學的研究，在感恩上排名較高的參與者比較不會報復他人，連得到負面反饋時也是，比較有同理心和比較不記仇。[21]除了防止工作衝突外，感恩還能減少社會比較和不必要的競爭，因為感激會把人更緊密地拉在一起，而不是把他們推得更開。

固定承認你對什麼感恩的簡單舉動強大到，即使你沒有告訴其他任何人，它也能產生顯著的結果。哈佛商學院的教授法蘭西斯卡．吉諾（Francesca Gino）表示，對本身的福分知足的人普遍來說對生活比較專注、警覺、有活力、快樂，而且比較容易去從事提升健康的行為，好比說上健身房。[22]其他的研究則發現，感恩的人睡得比較好、比較不會生病、血壓比較低、覺得與他人比較有連結、比較願意助人。

打造感恩的文化對每個人來說都是雙贏。假如你把自己對什麼感恩告訴員工，並打造出使每個人都覺得受到支持的職場環境，他們就會在案子上幫助他人或肯定他們的工作表現，而把正面的感覺散布給他們。換句話說，感恩會傳染，接收到的人比較有可能會去「感染」他人。感恩的人會把壓力管理得更好，並且比較不會感受到破壞性的情緒，好比說妒忌或忿恨。他對工作也會比較滿意。而且如各位所知，滿意的員工會工作得比較賣力，使顧客更滿意。更滿意的顧客則會造就出滿意的股東。

下列操練會為各位帶來的一些洞察在於，自己對身邊的人所表達出的感恩有多少。

個人操練：你對什麼感恩？

在接下來的一小時左右，把腦海中所浮現的你在職場內外感恩的每件事記下來。舉例來說，身為內向的人，在家工作會表現得最好，我很感恩能跟了解及欣賞我需要遠距全職工作的事業夥伴共事。我也很感恩父母支持我，儘管我在職涯中犯過某些失敗和錯誤。在遭逢重大的障礙和挑戰時，我幾乎天天都會想到他們的慷慨與耐心。試著舉出至少三則個人與三則跟工作有關的感恩陳述。

做完這項個人操練後，排定與整個團隊開會來做下列操練。如此一來，在聽到團隊在思維上對共事的人所感恩的是什麼之前，你就會反思自己。假如你不知道自己感恩的是什麼，那要怎麼去感激他人的貢獻？我相信你必須先成為感恩的人，才會開始去鼓勵他人感恩。要以身作則！

團隊操練：對他人感恩

二〇一六年時，在查爾斯及琳恩舒斯特曼（Charles and Lynn Schusterman）家族基金會的真實（REALITY）倡議下，我展開了以色列之旅，另有四十九位說書人，包括了電影導演、記者，甚至是百老匯《漢密爾頓》（*Hamilton*）的其中一位原始卡司。在旅程的第一天，我們分成了更小、更親密的團隊，而在最後一天，我們全都拿起一張紙，在頂端寫上自己的名字並往右傳。當你拿到左邊那個人的紙，你就必須針對在頂端的名字來寫出那個人的優點。舉例來說，針對其中一位組員為我的體驗帶來了正面的衝擊，我寫道：「十分謝謝你在這趟旅程當中支持我，它意義重大，並使它成了對我更有意義的體驗。」等到寫完，我們就把紙傳下去，並把過程加以重複，直到有機會把對各人的感受都寫下來為止。

排訂一小時之久的團隊會議，並帶紙筆發給每個人。這件事可以在會議室、辦公室外的某個地方或其他任何私人場所來做，好讓員工在分享自己的真實想法時感到自在。包括你在內，這項操練會使每個人感受到更深的連結感和感恩。理想上，團隊成員會對彼此感到更自在，即使把自己的想法大聲念出來也無所謂。但假如情況不是如此，那就在這點上慢慢改進。

表達感恩花不了多少工夫，然而它在你的工作關係和整體福祉上卻能帶來顯著的衝擊。以下是三種對隊友表達感恩的方式。

- 不要用簡訊或電子郵件來稱讚某一位員工，而要在團隊面前親自向他致意。這會鼓勵隊友更賣力工作來獲得類似的稱讚，並顯示出組織重視賣力工作。
- 以小動作來讓隊友驚喜和開心。舉例來說，不要發訊息說你感激他賣力工作，而要拿張紙寫個便條給他。這所顯示的努力和關心會勝過電子訊息。你也可以請他出去吃午餐，或者在他桌上擺個禮物，好比說馬克杯或是他最愛餐館的禮券。
- 在表達感激時要特定。以具體的例子來舉出隊友為你所做的事，以及它是如何為你的生活帶來了改觀。舉例來說，談談某一次他幫助同僚解決了問題，以及它是如何協助團隊完成目標。如此一來，隊友就能迅速來回頭反思自己所做的工作，並了解到它為什麼對團隊事關緊要。

透過肯定來酬賞的關鍵要點

1. **實踐感恩的藝術**。第一，從意會到自己所感恩的是什麼開始。第二，告訴隊友，你對他們的努力有多感謝。當你對團隊表達出超凡的感恩，然後把你的感謝告訴他們，他就會跟著效法。結局是團隊裡的每個人都感激其他人，而且這會塑造出對每個人都健康的文化。

2. **要有意識自己在稱讚誰和為什麼**。要覺察到自己的行動可能會在團隊當中引發妒忌和忿恨。要盡可能真切與誠實，假如你發現自己是基於錯的理由來稱讚某人（例如因為你怕他可能會請辭），那就排個時間來展開重要的討論，以消除誤會。

3. **除了個人表現外，也要肯定團隊表現**。這會建立起更強的文化，並幫助團隊成員加強工作關係和感激彼此。營業是團隊運動，你需要每位員工合力貢獻，才會實現所有的目標。藉由增強團隊的力量而非只聚焦於個人，你就會打造出長期成功所必備的綜效與連結。

第三部

建立組織連結

Chapter 7

看個性來徵才

個性先於履歷。在學門中有好幾個學位的人並非總是都好過經驗廣泛與個性不凡的人。

——李察・布蘭森[1]

在過去十年間，徵才變得更好也更糟。但有一件事始終不停歇，那就是當你的徵才決定對了，你就會為團隊、公司和本身的職涯加分。不過，由於營業的步調不停在加速，公司隨時都在想辦法省錢，有很多人便仰賴科技來降低招募人才的成本，並增加所能觸及的人數。

這些公司會宣揚自己靠電話或視訊面試省下了多少錢，但它們似乎沒有意會到，這些做法絲毫不能取代親自面試來與人會面，可以從他們的肢體語言，來觀察他們是怎麼打理自己。總之，這些做法少了至關重要的情緒連結與個性特點來幫助你徵聘到最好的，並且會在你身邊待得比較久的人選。這影響巨大。所徵聘的人要是跟公司的文化不契合，或是無法與團隊的其他人共事，對於你在競爭、保持顧客滿意和適應變化上的能力就會造成可觀的負面衝擊。它也可能會在團隊中引發漣漪效應，導致他人質疑他們的整體用心度。

有些求職者相信，科技使面試過程更有效率，但大部分的人都覺得它會導致沮喪，缺乏透明度，比較不個人，而且提供不了所尋求的必要反饋。[2]當線上評估和自動化把他們和個人面試者拉得比較近，而不是那項科技把人味從體驗中移除時，他們表現起來會好得多。使求職者受惠的科技會幫助他們找到工作，但必須靠人性互動來形成對的雇用決定。你與誰共事就跟你在哪工作或做什麼一樣重要，甚至是有過之而無不及。

說到底，在徵才過程中使用科技所省下的任何成本還不足以抵銷徵聘錯人選的相關額外開支和其他損失。

徵聘錯員工會產生後果

公司愈小，徵聘錯員工會就使團隊和公司愈頭大。假如你領導的是新創公司，而且所徵聘的第二位員工不合用，這樣的挫敗可能會嚴重到足以讓公司垮台。捷步（Zappos）的執行長謝家華說過，徵才失當使他的公司耗掉了超過一億美元。[3]有一項研究發現，徵才失當的成本是員工薪水的兩到三倍，[4]而當我們訪問 Beyond.com 的幾百家雇主時，我們發現要替換基層工作者會耗掉約兩萬美元。[5]其他的研究則估說，徵才失當的直接成本是落在每位員工兩萬五千美元到五萬美元之間。[6]出租時尚的共同創辦人暨事業發展負責人珍妮佛·福萊斯很認同。「徵聘對了是生產力最重要的關鍵，因為當你做錯時，會耗費掉一大堆時間。」她說。

下表列出了一些與徵聘錯人有關的最大直接與間接成本（它可能常常會比直接成本要顯著得多）。

直接成本	間接成本
・招募。 ・求才廣告。 ・面試。 ・訓練。 ・資遣。 ・背景查核。 ・到任。 ・訴訟。	・在徵聘員工所花的三到七週期間，現有員工的壓力會升高、生產力流失、士氣降低、知識流失、工作品質下降。 ・使公司顧客滿意度降低、聲譽受損。

我在職涯中剛起步時，溝通負責人就告訴我有一位員工才華洋溢但卻害慘團隊的故事。他不斷遲到、抱怨、散布同事的謠言，而且態度惡劣。他們並沒有立刻就開除他，因為他工作表現出色，直到他的隊友都離開了，最終公司也把他炒了魷魚。重點在於，某人有才華並

不代表他在徵才時就是對的人。有才華卻害慘人的員工到最後使你所付出的代價會大過他的價值。

科技對比人味

由於關係是職場健全的基石，所以在招募新員工時，我們不該更強調個性嗎？與不喜歡的人共事會有挑戰性，但與個性很棒而跟我們本身很搭調的人共事則令人興奮。硬性的技能很重要，但它可以在職學習。在打造強盛的團隊上，軟性、無形的技能才是無價，也是科技難以去評估的。

在公司實驗用機器、預測式演算法、機器人和人工智慧來從事招募之際，我們需要退一步來想想自己的目標。招募的核心應該要聚焦在把對的人才配對到對的工作與團隊上。在我們不斷對機器投資更多之際，我們也對造就良好徵才與工作情誼的實際連結失去了掌握。各公司正在用機器來消滅偏見，評估像是個性的人格特質，拆解履歷來辨認和分析用字遣詞，以及拆解社群媒體的貼文來審視表意和情緒。雖然這可能有助於把數百位、甚或數千位應徵者縮小範圍，但終歸來說，徵才該由人類來決定，而不是依賴這些工具來為我們做決定。在維珍脈動的研究中，有九三%的人認同這樣的思維。[7]但令我擔心的是剩下的七%，而且我懷疑，有增無減的科技式選項正逐漸把人類排除在徵才過程外。[8]

首先，用科技來面試充斥著複雜性。例如人選必須有良好的網路連線，而它並非向來都有一定的品質。我曾經在求職面試當中斷訊而立刻被打回票，即使我符合職位的資格。連線不佳也可能導致延遲，使人選看似比較不幹練或引發誤解。（你有多少次在看新聞時會不禁想說，在另一個國家的記者為什麼就是傻傻地點頭，而不回應人在美國的主播所提出的問題？）人選很少會在家裡設定最適於完美面試的燈光、音效、背景和化妝師。而且不要忘了，內向的人選和其他羞於上鏡頭的人在視訊中不見得會表現得像親自見面時那麼好。總而言之，使用科技或許會比較輕鬆，但壓根不是討喜的招募方式，而是以可怕的方式來對人選做出最終的決定。

完美的科技連線也不是最好的保證。奇波雷墨西哥燒烤的訓練主任山姆．沃羅貝克對我解釋了，為什麼他絕不用視訊來面試人選。「我所徵聘的人在鏡頭前可是搖滾明星。他所給的答案全對，個性很棒，並用示範影片說明了他多有才華。在面對面的面試期間，我們一下就把過程跑完了，整個團隊都愛上了這傢伙。兩星期後，我就讓他走了。」山姆說。「他自利又傲慢。雖然他極有魅力，卻是團隊的毒瘤。」他的建言是：「要真正去認識某人是不是跟團隊契合，在面對面的面試期間加以挖掘是唯一的辦法。視訊面試只是汰除的過程。」

百健（Biogen）的人才延攬副主任麥克．施奈勒（Mike Schneller）也認同山姆。「在親自面試的整個歷程中，你才有機會去了解對方真正的面貌；沒有科技可讓他們躲藏在背後，沒有手機，沒有視訊會議，沒有電子郵件。只有你和人選來討論可能會使你們兩個都改變一生的決定。」麥克相信，當科技介入時，你可能會做錯徵才決定，因為人都有自信的錯覺，可能會蒙蔽你真正需要看到的事：他們的誠實度。「在面試的過程當中，人性對人性的互動是我們唯一留下的誠實連結；我們可別忽略了握手的價值。」他告訴我。

切記求職面試是雙向的。人選需要讓你留下印象，但你也必須讓他們留下印象。當你親自面試時，你就是在給他們重要的機會來見見你、觀察辦公環境、一窺企業文化，並認識一些準隊友。

科技對比好感度

高科技招募和篩選工具最大的挑戰之一就是，要在所有的人際無形資產中去評估最重要的之一：好感度。

在一項研究中，加拿大安大略省麥克馬斯特大學的教授發現，透過視訊來接受面試的應徵者會讓人比較沒好感，在徵聘時受到推薦的可能性也比親自接受面試的人要低。在此同時，人選則是評價面試官比較沒吸引力、沒風度、不值得信賴和不幹練。[9] 其他的研究所發現的事也大同小異，[10] 而且結論在所難免（雖然有太多太多的公司都沒有產生連結）：(a)用科技來面試對面試官和面試者都不利；(b)科技式面試或許會達到有利的目的，但假如你需要對為數眾多的人選做初步篩選，那以最終的徵才決定來說，親自面試還是必須的。

根據本身的領導經驗，沃爾瑪（Walmart）的行為科學全球負責人歐姆．瑪瓦（Om Marwah）得出了類似的結論。他相信當我們在視訊通話或電話上時，對非口語上的溝通會比較使不上力。親自參與會放大感同身受和吸收想法的能力，所以當你不是如此時，對於可能出現的交談就會只掌握到片面的特質。「我常會飛到全國各地，只為了像其他許多人那樣親自會面，就是因為這些原因。」歐姆說。

看個性來徵才，以提升正面的工作文化

有很多人都夠聰明，並有技能來擔任你正在徵才的職務，但在跟團隊其他人契合的個性特點上，有那種獨特性的人卻沒有這麼多。技能可以教，而個性不能，所以我向來都建議經理人要看個性與契合度來徵才，再去訓練技能。假如你跟員工合不來，或者假如他沒有對的態度或工作倫理，就會使整個團隊受到負面衝擊。有很多公司已經意會到了這點，但絕非全部。在我們跟 Beyond.com 所做的研究中，雇主告訴我們，文化契合度是單一最重要的徵才準則，勝過經驗、修課、平均學業成績和學歷。雇主所要找的前三大技能皆為軟性：正面的態度、溝通、團隊合作。[11]

以下是頂尖執行長會看個性來徵才的原因。

頂尖執行長會看個性來徵才	
羅伯特・查維茲（Robert Chavez），美國愛馬仕執行長	以徵才來說，我們會去找有幽默感的人，能展露笑容的人。[12]
伊隆・馬斯克（Elon Musk），特斯拉（Tesla）及太空探索科技（SpaceX）執行長	我最大的錯誤八成是太看重某人的才華，而不是某人的個性。我認為某人善不善良很重要。[13]
霍華・舒茲（Howard Schulz），星巴克董事長兼執行長	徵人是藝術，而不是科學。履歷並不能告訴你，某人能否契合公司的文化。[14]

文化契合度對比多元想法

西北大學凱洛格管理學院（Kellogg School of Management）的教授蘿倫・李維拉（Lauren Rivera）研究了頂尖的專業服務機構，以檢視文化相似度在求職者和雇主間的衝擊。[15] 她發現，意料之中的是，雇主會去找在文化、經驗、目標和工作風格方面與自己相似的人選。

在第四章裡，我討論了多元想法，以及刻意打造團隊為什麼重要，好讓成員具備各式各樣的背景、經驗、文化等等。我在這裡所說的文化契合度絲毫不抵觸我所說過的多元想法，而且我鼓勵各位盡可能建立最多元的團隊。這代表職場的文化契合度比整體文化要難定義一點。此處的課題在於，人員會有多搭調。穿牛仔褲和圓領衫跑來保守的投資銀行接受面試的女性或許會不契合；害羞的年輕人來應徵掌握大權的銷售職務，卻在與人眼神接觸上有麻煩，那也是一樣。你不會徵聘不講究細節的服裝設計師、肥胖的私人訓練員，或是焦慮的外科醫生。

百思買（Best Buy）的資深公關經理卡莉．查爾森（Carly Charlson）把契合度對比多元的課題歸結得不錯。「在徵才時，我會找跟我有相同價值的人。這並不表示他們需要像我——不同的背景、風格、經驗可能會是團隊的巨大資產。」她說。「但所找的人在工作中共享我的核心價值時：開放式溝通、學習的意願和團隊優先的態度，就會帶來全然的改觀。」除了問到與工作相關的課題，卡莉還會問人選在空閒時間喜歡做什麼。「它聽起來像是開放式問題，但令我震驚的是，在他們是誰、喜歡什麼、跟團隊的其他人會有多契合上，這會讓他們說出更深入的事。」

徵聘新人時所要找的五種個性特點

在為團隊徵才時，你該找的個性特點有五種。你要能各自篩選，在若干關鍵、策略性的提問上密切關注你所得到的答案。我們來更詳細分析其中各個特點，看它會如何造就出好員工，以及要怎麼判定人選是否具備。

／信心／

我所請教過的雇主和徵才經理有很多都告訴我，信心是太多應徵者所缺少的特點。假如沒有信心，你就不太可能分享新的想法，為所相信的事挺身而出，並拿出最好的表現。你會猜疑自己，並表現得不如實際上幹練。當你有信心時，你會知道自己在做什麼，以及要怎麼把知識傳達給他人。一個人缺乏信心時，它會蔓延到團隊的其他人身上，並影響每個人的整體表現。當某人不與人眼神接觸，握手無力，說話不清楚又沒有條理，或者「語焉不詳」（陳述聽起來像是提問）時，身為面試官的你自然會失去興趣。這些常常是人缺乏信心或不確定自己在講什麼的信號。有信心的員工會比較稱職地去教導和幫助他人，並且不帶壓力和干擾地把工作完成。有時候你所面試的人因為害羞或有口吃，看起來缺乏信心。不要立刻就評判他們，而要評估他們的主題專長、所提的問題，以及穿著是如何。試著讓他們感到自在和安全，這會使他們比較可能對你抱持開放。

面試問題：你在前一份工作中克服過什麼障礙？

這個問題的答案會讓你知道，對於失敗以及在任何工作處境中都會自然發生的挑戰，人選能不能應變。沒有信心的員工會沒有韌性來為問題找到不同的解方，有信心的員工則會去找到出路。

／態度／

你會想要徵聘態度正面的員工，因為他們往往會提高身邊每個人的士氣，並鼓勵和激勵團隊成員表現得更好。反過來說，身邊有態度負面的員工通常都很可怕。他們可能會拖累整個團隊的表現和公司的整體文化，並常導致他人想要換團隊或一走了之。「當然，你向來都希望找到最聰明和最有才華的人。」重複貼文（Multiposting）的執行長賽門．布雪（Simon Bouchez）告訴我。「但我很快就意會到，某人為產品、事業和團隊帶來正面的態度時，所創造出的附加價值會遠多於任何聰明卻比較沒熱忱的人。」

顧問馬克．墨非（Mark Murphy）追蹤了兩萬個徵聘的新人，以檢視態度對職涯軌跡的衝擊。馬克告訴我，他發現徵聘的新人失敗時，有八九%的比例是態度的原因，只有一一%是缺乏技能。那些態度負面的人輔導起來會比較吃力，情緒商數、動機和文化契合的程度也比較低。基本上，在產出出色的工作、與同僚合得來和對公司滿意上，負面的態度對他們的能力造成了阻礙。[16] 當工作上發生無可避免的改變和挑戰時，態度正面的隊友可以應對得比較輕鬆並保持鎮定，而不會恐慌。

面試問題：你是在什麼時候向隊友坦承犯了錯，又是怎麼來管理？

這個問題是設計來讓人選告訴你，他是怎麼處理工作上的災禍。態度正面的人通常會告訴你，他向團隊道歉了，並解釋他下次會如何把事情處理得更好。態度負面的人普遍則會講前團隊的壞話，或是用聲調或肢體語言來傳達同樣的訊息：錯的是其他人，而不是自己。態度正面的人選會對自己問責，而不是找藉口或指責他人。

／專業度／

專業度最顯而易見的信號就是面試守時（或早到）和人選的基本禮儀。人選一進到現場，你就能迅速評判他們所給人的印象，以及會不會跟組織契合。他們的穿著方式會大大衝擊到他們對自己感覺如何，以及他們會如何表現。在一項引人入勝的研究中，[17]它要受測者輪流穿上正式和休閒服裝再來做認知測驗。著裝正式的人比較有創意，也比較能解決問題。

穿著正式服裝時，你會覺得比較強大和有掌控力，對自己也會比較認真看待。當人選來面試遲到、穿著圓領衫時，他顯然是對面試沒有認真看待，那你也不該當真。

面試問題：以你跟團隊成員有衝突的處境來舉個例子，並說說你是如何自處。

要仔細聽。這個問題的答案會讓你體會到，在艱難的處境當中，人選是如何處理自己的情緒。在職衝突遲早會出現，而且你會想要員工和團隊成員能專業自持，做到每件可能的事，並盡可能用無損於團隊的方式來化解衝突。

／好感度／

我有兩個朋友具備了好感度的因素，他們會散發出正面的能量，相處起來也很愉快。在職場上，有好感度的人就是會設法把你最好的一面誘發出來。另外，他們具有令人不可置信的競爭優勢，因為他們往往升遷得比較快（經理人所提拔的往往是自己喜歡而非不喜歡的人），並且會跟他人建立強固的關係而帶來新的機會。從一九六〇年起，每次在美國選舉前，蓋洛普都會發布個性因素的民調，而且這些民調顯示，好感度是預測最終選舉結果的三個一貫因素之一。民眾無法認可自己不喜歡的候選人，也不會把票投給他們。在美國心理學會（American Psychological Association）所發布的研究中，研究人員比較了好感度和自我推銷兩項因素。[18]有好感度的人選被認定為比較有契合度，也比較可能受到招募人員推薦或直接應聘去任職。另一方面，偏愛自我推銷的人選所得到的結果要不是平平，就是負面。

面試問題：誰當過你很棒的導師，這點是如何展現出來？

這個問題的答案會使你在人選與他人的關係上得到一些線索。有好感度的人選一般會吸引到比較好的導師，並且會以比較正面的方式來形容這些關係。宣稱沒有任何導師的人或許是傲慢或無所不知，或者純粹是沒有投注時間來尋求支援。每個人都需要導師！

好奇心

你會想要人選對你的背景、主管、產品、公司和產業好奇。對本身的潛力好奇並願意嘗試新差事和新角色的人比較能適應變化、挑戰自我，並以團隊成員的身分成長。界定這項特點的是解決問題的能力、對學習的持續需求，以及對團隊的強烈用心。好奇的人比較可能會想要向他人學習，並對團隊的多元抱持開放。有一項研究發現，五七％的公司所找的人選是要有智識上的好奇心。[19]重複貼文的賽門．布雪告訴我，他常單刀直入地問人選有沒有上過公司的網站，以及會想要做出什麼改善。

面試問題：你對職位或公司有沒有什麼問題？

人選在這個問題上的答案會讓你窺得他們對面試準備得好不好，以及他們對你和公司有多感興趣。假如沒有問題（這比你或許以為的要常發生），他們或許是對公司、產品或你沒有做多少研究，儘管就事實而言，這些資訊大部分都是再遠也不會遠過手機裡。人選應該要

問到公司的願景、你的背景、產品路徑圖、公司文化，以及假如開始為你工作，他們的時程可能會是長得怎樣。好奇的人會問很多問題，而且面試是雙向的。人選需要讓你留下印象，一如你需要讓他們留下印象。沒有問好問題或者壓根什麼都沒問的人不會是你想要的那類員工，因為他們不會去突破極限或挑戰現狀。

有助於你看個性來徵才的面試問題範例	
你會怎麼形容自己？	這會挑戰人選來反思，他們是怎麼看待自己。
對於先前跟同事或客戶的衝突，你是怎麼處理？	你會洞察到對於困難的處境，人選是怎麼應付。
你的摯友會怎麼形容你？	這會使人選談到自己是怎麼對待他人，尤其是他們真正關心的人。

你是如何參與社區活動？	這會讓你體會到人選關心什麼，以及他們在工作以外的生活是怎樣。
對於起初看似不可能的任務，你會怎麼處理？	這會有助於你更加了解，人選能怎麼去解決問題，即使課題有挑戰性。
你偏好團隊還是獨力工作？為什麼？	你會體會到人選的工作習慣，以及他們能不能在團隊裡成功協作。
你在人生中最滿意的是什麼時候？	這會讓你有個概念，假如選擇徵聘人選，你可以怎麼最妥善來支持他們。
你在職時不喜歡做什麼事？	你會得知人選不願意做什麼，以及他們或許相信自己看不上眼的是什麼。
你對工作感到興奮是什麼時候？	這會透露出人選會受到什麼所激勵。
在工作以外，你會去享受哪些類型的活動或嗜好？	除了參與他們的社區活動外，這個問題也會讓你體會到，人選把時間投注在哪。

你不該徵聘某人的信號

很可能其中一天，你會發現自己所面試的人選做的事讓你意會到，他跟你的團隊或公司不太契合。它或許是缺乏眼神接觸、握手無力、遲到、笑得過頭，或是其他的事。或者他可能是對於和你及組織共事缺乏熱情。其他的警訊包括活力度、態度，甚至是某人在面試期間的發問次數。當你問人選有哪一次覺得自己的工作經驗成功或是在案子上出類拔萃，他卻一件都指不出來時，這就會說明很多事，而且沒有一件是好事。一般來說，他通常缺乏自尊心，或是在之前的工作史中沒有足夠的經驗或成績。

假如你察覺到人選在誇大成就，就要密切關注。假如他說的話跟履歷、線上簡歷的內容或你知道的真相差了十萬八千里，那就要有所提防。他或許是在美化，因為緊張，或是想要讓你留下印象。或者他是在表露自己不誠實或不是團隊咖。拿團隊的賣力工作來邀功的人常常會很自私，假如你加以徵聘，他或許會無法與其他的團隊成員成功協作。

另一個潛在警訊：假如你問人選在工作以外的生活，他卻只是一直在談工作，那他或許是個工作狂。雖然團隊中有像這樣的人或許聽起來滿好，但不留喘息時間的人最終就會過勞並常常不快樂。兩者都會降低個人與團隊的生產力。最後，當人選給你的是制式答案，你在之前的面試中就聽過好多次時，他八成缺乏創意。顯而易見的是，為面試準備是必須的，但你也想要能獨立思考並在回答時自然又有信心的人。

面試交談範例

比方說你正在為團隊徵聘數位行銷專員，所要找的是一系列軟性和硬性技能。為了讓各位更加體會到在面試中會碰到的個性特點，以及它可能代表了什麼，以下是對話範例。

你：跟我說說你用數位工具來為之前的公司增加案源的經驗。

人選：我有五年的數位行銷經驗，所用的工具好比說電子郵件行銷、社群媒體和行動裝置。在線上行銷文宣中，我們運用各式各樣的社群媒體網站而得到了百萬次點閱，使新產品的銷售進帳了五十萬美元。

人選的回應不但簡潔回答了你的問題，還顯示出他能用各式各樣的工具來產出實質的營收結果。這表明他很幹練，並可以預測他會為你帶來類似的結果。

你：我想聽聽你曾經在工作上犯錯時，做了什麼來把它改正過來。

人選：在我的上一份工作中，我趕不上案子的截止期限，因為我的工作負擔過多，而且無法列出優先順序。為了化解問題，我所做的第一件事情是把隊友聚在一起，並承認我犯了錯。然後我請他們寬限幾天。最終來說，我後來得以把案子完成，又沒有對團隊造成太大的負面衝擊。

起初你或許以為這個人選會不可靠。但他很誠實，並解釋了他對處境是如何以專業來處理。大部分的應徵者不會坦承錯誤，因為他們不想被認定為失敗或對工作不夠格。但每個人都會犯錯，而且在與任何人建立信任關係時，誠實都是最重要的事。

你：你覺得你要怎麼契合我們的組織？

人選：我計畫用新科技來為組織的行銷加分，而且我最終想要當上行銷長。我熱衷於和很強的團隊共事，向他們學習，並透過共同的努力來達到優異的結果。

這樣的回應把人選的抱負和動機告訴了你，並顯示出他關心團隊，而不是單單聚焦於本身的興趣。假如你正在面試的人有對的技能和專長，有動機，並且是團隊咖，那為什麼還要猶豫？

你：你有什麼問題要問我嗎？

人選：假如我應聘來任職，日常任務會是什麼？

這是很棒的問題，因為工作說明鮮少會告訴你，平常究竟要做什麼，或是組織裡的工作實際上是怎麼搞定。這位人選很好奇，並想要在接受邀約前就知道自己要來做什麼。我猜你可能想過一兩次，但願自己在接下工作前有問過類似的問題。

打造獨特的面試體驗

你不必自我設限在傳統的面試形態或設定上。當你把人選置於不尋常或出乎意料的環境裡時，常會更加體會到他們的個性，並更能判別出他們解決問題的技能。你還能看到他們是如何調整自己的風格、姿態和獨立思考的能力。以下三個例子就是要怎麼使面試的處境對你和所面試的人選都更為有效、獨特和有用。

／咖啡店面試／

我剛離開學校時，在首波面試的其中一次，有一位徵才經理邀我去的是咖啡店，而不是他的辦公室。我以前從來沒碰過那類的面試，但在我錄取工作後，他告訴我，他發現在非傳統的地點面試是很棒的方式來認識人選，並看看他們在不同的環境中會怎麼表現。我還是把它視為面試，並帶著最佳狀態去了咖啡店。下次要面試時，告訴人選到你的辦公室來，但接著把他們帶去外面的某個地方，看看他們會怎麼調整，以及比較不正式的場合會不會讓他們敞開心胸和放鬆。

╱營業挑戰面試╱

給人選實際的營業挑戰，讓他們在你面前當場露一手，而不是以傳統的面試來問一連串的問題。挑戰可能是你和團隊正在思考的事，或是過去所碰過的事。這種形態會讓你體會到，人選應聘後會怎麼表現（並可能有助於團隊解決問題，不管人選到最後有沒有獲得應聘）。樂活（Fitbit）的品牌行銷副總裁梅蘭妮．切斯（Melanie Chase）在徵才時，就是採用這種做法。「我可能會針對我們是怎麼把新用戶群帶入追蹤器的類別，請人選來提出見解，或是討論我們在某一個國際市場中所採取的做法。人選想要怎麼露一手就看他們和他們的風格。看到人選展現專業讓我體會到的不只是他們解決問題的能力和創意，還有他們是怎麼溝通和回答難題。最好的人選就是會讓我學到新東西的人。我所愛的人是會挑戰我們的思考方式，點燃有趣的討論，或是大秀獨特的專長領域。它不是為了得到對的答案，而是為了示範他是怎麼得出答案。」

／延長面試／

假如你很看重為所徵才的職位找到對的人，那你就需要投注時間。沃爾瑪的行為科學全球負責人歐姆．瑪瓦願意在一位人選身上花費數小時，以測試人選的耐力並摸清他的底細。他面試人常超過四小時，有時候就是在晚餐上，以評估他們一直講下去的能力。「我遇過人選把我給累慘了。」他告訴我。「她就是一直講下去，提出了精彩的想法，並且有無限的活力，所以我當場就徵聘了她。她是我所徵聘過最好的人。」除了展示耐力外，她的風格也與歐姆的工作風格完美相符，所以這顯然是在兩者上都很契合。

／第一次面試／

假如第一次面試不順利，你就不會請人來接受第二輪面試並與團隊見面。接受面試的人和面試官有良好的化學反應是測試未來工作關係的指標。

這代表對於你要從準團隊成員身上尋找的個性特點和硬性技能，你應該要掌握得相當良好。而對於會阻止你徵聘他們，或是完成面試的破局條件，你應該要掌握得同等良好（或者也許是更好）。把你要尋找什麼和什麼會使事情告終寫成清單雖然是個好主意，但聽從直覺也很重要。我們滿常在回顧時，可以清楚辨認出一、兩個警訊，但我們在徵才過程當中經常刻意忽略它，因為其他一切似乎都棒得很。

徵聘新人到職

到職聽起來或許並不令人興奮，但對徵聘新人的長期成功卻極為重要。他們在職的頭幾週容許你去設定期望和目標，而且這段時間使徵聘的新人有機會去跟所要互動的關鍵人物連結，並學習你對他們所期望的事，以便能出類拔萃。你對他們頭幾週的職涯投資得愈多，長期的回報就會愈大。更特定來說，成功的到職計畫可以把留才率提高二五%，並把績效改善一〇%以上。[20]員工在職的第一週期間，他們會想要在職訓練，審視公司的方針，到處看看，以及找個導師（你或別人）。[21]讓他們跟你貼身見習，以看看你每天都做什麼，並花時間把他們介紹給你的團隊成員，以及他們要固定共事的其他人。（但不要一頭熱；介紹得太多可能會讓人吃不消。）教會他們辦公規約和要怎麼預約會議室，而假如公司有出員工手冊，那就發給他們。起初要從旁指點，好讓他們在團隊裡感到自在。等他們融入了組織，最終他們就會找到其他人來支援自己。

到職勾選清單	
	收取新進員工必備的報到資料。
	提供員工手冊的內容。
	向他們介紹團隊所使用的科技。
	帶他們熟悉辦公場所。
	容許他們跟你貼身見習。
	排定與他們每週會面來保持同步。
	給他們訓練。
	舉行全員會議來介紹他們。

溝通你的期望和目標。	問他們有什麼職涯目標。	容許他們評量到職流程。

在到職過程的期間，不要用太多的資訊使徵聘的新人負擔過多，否則他們會記不住而有壓力。而且不要假定只因為有過先前的工作經驗，他們就能立刻上手。在培養到職經驗時，要把科技當成方法來提高效率，而不要依賴它來讓員工沉浸在你們的文化裡。舉例來說，提供友善行動裝置的手冊而不是紙本，以人工智慧來回答徵聘新人的標準問題，有虛擬的訓練選項以及職員名錄，好讓他們能熟悉組織結構。科技可能會有用，但人性的接觸無可取代，尤其是在新進員工到任時。你應該要會見他們，把他們介紹給隊友，跟他們共進午餐，並給予指點上的支援。要天天與他們互動，以確保他們得到所需要的一切，以便在接下來的幾個月成為成效滿檔的員工。最後，不要在他們的行事曆上塞滿會議，而要敦促他們容許自己花很多的時間來學習新角色，並開始去認識隊友。

看個性來徵才的關鍵要點

1. **徵才時要問對問題**。設法去發掘五種關鍵的個性特點，以有助於確保你所找的人與你們的文化契合，並能長期表現良好。硬性技能很重要，但個性才能把團隊真正團結起來，並使眾人更有效來協作。
2. **在辦公室以外的不同場合來面試人選**。你會看到他們是怎麼行事，並更加認識他們個人。假如他們不合格，而且沒有對的技術技能來擔任職務，你就不會面試他們了。在親自面試中，你真正要評估的是「契合度」：你和團隊是否跟人選合得來。
3. **花必要的時間來讓徵聘的新人到任**。讓他們覺得有歸屬感，以及你對他們的職涯充分投注，並且希望他們成功。這樣的成功端賴於員工在一開始是怎麼被帶進團隊。把他們介紹給同事，以及在組織中要互動的關鍵人物，並容許他們跟你貼身見習，以體會到在你的脈絡中，他們的本分是什麼。

Chapter 8

讓人投入以留才

要付出時間、賣力工作和努力的不只是形成關係，還有維持、延續和拓展最好的現有關係。

——湯姆·雷斯[1]

全職工作者有超過四分之三要不是在主動找工作，就是對新機會抱持著開放。在同一時間，有將近半數的公司經常無法填滿職缺。[2]結果就是，我們的處境成了所謂的「持續找工作」。現今的工作者離列出下一次的求職面試只有幾次點擊之遙，即使他們就坐在離你二十英尺近的辦公室裡。由於替換團隊成員成本很高，而且可能會大大傷害到生產力，所以要留住頂尖人員，最有效的方法就是支援他們和讓他們投入，並給予正面的工作體驗。在職時覺得投入的工作者只有四%會在一年內離開目前的雇主，但覺得不投入的人則有三分之一準備要走人。[3]

我們在世上工作時的特色在於，設計於用來提高投入度、生產力與結果的協作式科技有一大堆。不過，在我研究職場趨勢與員工行為的十來年間，我留意到了確切的投入危機。而且不是只有我。根據蓋洛普的資料，在工作上不投入的員工約有三分之二。[4]有部分的問題是出在，所有那些科技就是理當要把我們跟隊友連結起來的東西，到最後卻常常使我們更加孤獨。另一個部分的問題則是出在遠距工作興起，儘管是有最好的意圖，卻助長了社會孤立的文化。而且是強固的個人關係和企業文化都受到社會孤立所苦。

在有將近三分之一的公司提供了遠端辦公下[5]，管理自由工作者或遠距工作者便成了任何一位領導人最大的挑戰之一。當我們問員工，不在辦公環境裡工作使他們錯失了什麼時，有三分之一是說與同事互動。任何曾遠距工作或與遠距同僚共事過的人都知道，當你沒有頻繁和固定看到人或聽到他的聲音時，要跟他保持連結就會很吃力。我肯定就是如此。即使我居家工作的成效很高，我卻常常感到孤獨和被團隊孤立。對我和其他大部分遠距工作的人來說，手機上的簡訊、電子郵件和即時訊息無關痛癢。我會坦承的是，假如一年沒有面對面看到事業夥伴至少一次，我就會變得不太在乎組織的未來。沒有看到他們或聽到他們的聲音，我就會覺得自己不像是公司的一分子，即使我是合夥人！

在遠距工作對投入度的作用上，維珍脈動和未來職場的研究揭露了一些十分有趣的資料。[6]例如經常或相當經常遠距工作的人只有五％說，他們看得出自己的整個職涯都會跟目前的雇主度過。與此相較，鮮少或從未遠距工作的人則幾乎有三分之一都說了同樣的話。

對遠距工作的反挫

身為領導人，面對員工居家工作極具挑戰性，因為除非你去問他們，否則就無從確定員工在做什麼，而且你會覺得自己像是在一人團隊裡，即使你正在與他人協作。員工或許會認為你不關心他們，或者他們不是公司重要的一分子。

有很多公司都看過，缺乏投入會拖累企業文化，而且在某些情況下會使拙劣的財務績效更加惡化。結果就是，它們正走回過去。在二〇一三年時，雅虎（Yahoo!）、百思買和惠普（ＨＰ）回調了遠距工作的方針。來到比較近期，漢威、Reddit和ＩＢＭ也有樣學樣。這些公司都是遠距工作的最大擁護者，但此後卻走回老路來努力重建文化，提高投入度，以及讓每個人掌握相同的狀況和聚焦於相同的目標。

「當公司在幾個月前把居家工作取消掉時，身為經理人的我就要令人失望又不開心地向一些長期遠距的員工解釋。」漢威的資深主任凱雅．厄里克說。「但身為渴求人性互動的領導人，它是我們所做過最棒的事之一。人員現在都是真的在辦公室。過往令人痛苦的電話會議現在成了協作式的白板研討。人員要從椅子上起身走到我的辦公室來，而不是透過更多的電子郵件。看到它是美事一樁，不但改善了生產力，也把團隊更緊密地拉在一起。」

各公司為什麼改變了遠距工作的方針	
漢威	「當員工進辦公室時，它會扶植團隊合作和共享想法。它也有助於同事做決定時更快速，並在因應全球市場的變化時變得更靈活。」[7]
雅虎	「當雅虎人不僅關乎你的日常工作，也關乎只有在辦公室裡才可能的互動與體驗。」[8]

惠普	「我們現在需要建立更強固的投入程度與協作文化，而我們把愈多的員工請進辦公室，公司就會愈好的。」[9]
Reddit	「遠距工作固然對某些工作者有利，但拉大格局來看，公司就不能有效率地協作與協調了。」[10]

我知道凱雅的意思，但在我看來，禁止遠距工作是太過極端的解方，就像職場上的每個人都是遠距工作一樣。我們需要的是兩者混搭：場所中的經理人會考慮到各人的獨特偏好、優先事項和需求。

投入的員工會如何衝擊團隊

遠距工作者並不是唯一會感到與隊友孤立開來或不投入的人。在過去十年間，職場從把團隊聚集在大型的商辦大樓裡，演進成了較小型的團隊，案子比較離散，可以孤立執行，但是由整個團隊集體完成。結果就是，非遠距員工常常在辦公桌前單獨工作，跳過了午餐，跟其他人類的接觸幾乎就跟居家工作時一樣少，可能聽到的唯一聲響就是車子開過或狗在叫。團隊不分大小、職掌、部門或工作地點，至少都會有一位成員感到疏遠、抽離與孤獨，並需要更加投入。

員工投入度會衝擊到公司的每個層面，從討好顧客、加強夥伴關係，到招募新隊友。缺乏這樣的投入可能會是生產力的一大障礙，而且或許會拖慢成長。比起不投入的團隊，高度投入的團隊在缺勤率上低了四一％，成效高了一七％，異動率則低了二四％。[11] 合益集團（Hay Group）發現，員工投入度高的公司所進帳的營收比投入度較低的公司多了二·五倍。[12]

身為領導人，你會想要員工在情緒上對團隊和組織目標上心。當員工投入時，他們會對工作和關係投注較多的時間與努力。他們會感受到工作的目的，並把必要的熱忱、熱情與活力帶到日常活動上。韜睿（Towers Perrin）發現，高度投入的員工有八四％覺得，自己彷彿能為公司的產品與服務品質帶來正面的衝擊。對比之下，那些不投入的人則只有三一％。[13]

臨場會如何衝擊團隊

露面跟出聲一樣重要。面對面看見其他人會在心理上比較投入，並使你覺得比較有連結。有一項對職業上班族的研究是在檢視，被動的碰面時間（在工作上露面，不管是正常的上班時段還是下班時段）會如何影響人在工作上受到認定的方式。[14]到頭來，被動的碰面時間會使觀察者把員工認定為可靠或用心，觀察者則完全沒有覺察到自己是這樣評判。

除了使領導人看似比較可靠和用心外，人在辦公室或許真的會使你比較平易近人和有同理心。惠而浦烹飪全球領導人計畫的凱膳怡全球類別領導人麥克．麥斯威爾隨時都在辦公室走動，並相信露面的威力。「我早上起床，看見團隊就會與他人寒暄。就工作和非工作上的相關課題來跟他們聯繫。它有助於我比較平易近人，並在我需要知道的事情上獲知關鍵更新。這樣的面對面互動有它的分量。」他的團隊很感激這番努力和關心，因為它給了他們時間來反思、開放和連結。

你人不在場會影響到的不只是團隊的忠誠度，還有你本身的職涯前景。當你沒有露面時，以新案子、升遷、甚至是獎金來說，你就不在候選名單內。那些到場的人會搏得較多的關注，並被認定為工作比較賣力，因為他們的努力可以直接被觀察到，遠距工作者則常常沒人留意到，即使他們是搖滾明星級的員工。奇異的前執行長傑克．威爾許（Jack Welch）就曾經說過：「公司鮮少會把沒有一貫露面和受到衡量的人晉升到領導角色上。」[15]臨場對他人所發出的強烈訊息是，你對公司很用心並想要領導。了解臨場的重要性和所有伴隨而來的重大好處會對員工有所幫助。

假如你想要跟隊友建立起信任，就需要讓他們成功投入，而要做到這點，最好的辦法就是臨場。《姿勢決定你是誰》（*Presence*）的作者艾美．柯蒂（Amy Cuddy）就曾經告訴我：「臨場會讓你建立起這份信任，因為你等於在說：『我就在這裡，我關心你。我正在聽，而且我要你做什麼所依據的不單是我本身的個人意見，還有我從你身上所觀察到和聽到的事。』」[16]假如把科技當成主要工具來跟隊友往來，你就不可能有同樣程度的互動（或信任）。

面對面投入在實務上的威力

臉書的執行長馬克・祖克伯（Mark Zuckerberg）和營運長雪柔・桑德伯格在我們的社會上組成了最顯赫的強力團隊之一。他們透過共同努力所決定的事衝擊了數十億人。即使所領導的臉書是鼓勵虛擬互動，他們仍依賴面對面開會來成為稱職的領導人和隊友。

兩人是每兩週一對一會面一次，不設定議程，只反思公司的新發展。祖克伯說這些會面是「十分關鍵的方式來讓我們共享資訊與反饋，並讓事務保持前進」。從祖克伯的視角來看，它很重要「是因為，我們向來都知道我們會把事情談個徹底，並且會掌握相同的狀況」。他們展開這些交談可能是在臉書的群組上，或是透過他們的通訊服務，但這些固定的人性互動有助於加強他們的關係，並使他們更稱職。[17]

對領導風格送舊迎新

在過去的世代，領導人常偏專制，並花很多時間來指揮和控管員工的行為。對於要怎麼把工作辦妥，他們相信的是規則、作業和監管。專制的領導人現今還是存在於各行各業，而且你自己或許就是。就以國家廣播公司（NBC）《週六夜現場》（*Saturday Night Live*）的原創者洛恩．麥可斯（Lorne Michaels）為例。從一九七五年起，麥可斯就在製作電視界播出最久且最具娛樂性的節目之一。身為專制的領導人，他還是會要求每位卡司成員做到最好，並對每則短劇和每個場景握有最終核准權。靠著強勢出擊的領導風格，麥可斯建立了一些很棒的喜劇職涯，包括比爾．莫瑞（Bill Murray）、艾迪．墨菲（Eddie Murphy）、艾米．波勒（Amy Poehler）和蒂娜．費（Tina Fey）的在內。麥可斯曾經說過，「在我看來，沒有界限就不會有創意。」而且那些界限為他的編劇和演出名人團隊點燃了令人驚豔的創意。[18]

史蒂夫．賈伯斯（Steve Jobs）有類似的領導風格，並建立起了世界上最大的公司之一，但卻頻頻嚴厲對待員工，而且假如他們說了他不喜歡的話，也會毫不留情公開給他們難堪。他的風格毫不動搖，然而員工卻對他極為忠誠，因為他會在他們身上看到他們自己都沒看到的東西。賈伯斯和麥可斯固然都相當成功（而且麥可斯還在繼續），但我認為他們若處在現今領導起來會困難得多，當組織較為扁平、較為協作、較為社群與較不規則導向，並容許資訊有較大的自由流動時。

現今的轉型式領導人能去適應變化和新環境，並會讓團隊準備好去比照辦理，以便能帶著信心在新的障礙中穿梭。他們會打造願景，並啟發隊友堅持到底。他們會鼓勵他人做到最好，提升協作，並當啦啦隊長而不是獨裁者。身為轉型式領導人，你必須願意做出必要的犧牲，並支持團隊度過出乎意料的挑戰。你必須能溝通自己的想法，在團隊成員當中創造信任，跟他們往來，並有強烈的同理心。你還必須打造出讚賞成功的文化。我們在訪問數百位年輕員工時，有超過六成都相信，他們是以這種方式在領導。[19]

衝突的領導風格

較年長的領導人：我們的流程是，每位在這裡的員工都需要遵守規定，每件案子都需要經過副總裁以上驗收。假如各位提出新的想法，不要未經允許就著手去做。我需要去確定，它契合我們的指導原則，而且你的做法是先前成功過的東西。

較年輕的領導人：我們有流程，但它有彈性，而且我鼓勵各位共享新的想法與方式來把任務給完成。雖然我們有基本的指導原則，但我認為，以最有效率的方式來協作和致力於目標才重要。

打造讓人投入的文化有部分重點在於，要怎麼把工作給辦妥，如何授權並信任員工。假如你隨時在對他們下指導棋，並在同儕面前羞辱他們，從不讓他們展翅高飛，他們就會覺得沮喪和忿恨，很快就會去有人賞識和培植的地方找工作。有時候最好的領導風格就是放手。

在《紐約時報》的訪問中，LinkedIn的執行長傑夫．魏納（Jeff Weiner）被問到他對領導的定義。他的回應呼應了轉型式領導。他說：「簡單來說，它就是能啟發他人來達成共有的目標。」[20]接著他談到，願景會如何讓領導人和團隊看清，要把事業和產品帶到哪裡去。魏納雖不是年輕員工，但在LinkedIn和雅虎這兩家顯赫的科技公司都當過主管，而具有豐富的經驗和洞察力。我在請教Dropbox的年輕執行長暨共同創辦人德魯．休斯頓（Drew Houston）時，他說：「假如你會做出結果，但不是團隊咖，你要在這裡成功就會很吃力。」休斯頓告訴我，他公司有一位轉型式領導人名叫吉多．凡．羅蘇姆（Guido van Rossum），是當紅程式語言Python的原創者。有實習生走到羅蘇姆的跟前，告訴他為什麼他們認為Python不如其他的程式語言。他並沒有把他們打發掉，而是願意跟他們展開成熟的辯論。羅蘇姆是貨真價實的轉型式領導人，因為他不拘泥於本身的方式，並且歡迎反饋，即使它並非自己想要聽到的話。[21]

在幾年前，我訪問了推特的三位共同創辦人之一畢茲．史東（Biz Stone），談到他的職涯決定和影響。在他們把推特拓展成如今這般的龐然大物下，我向他問到了共同創辦人的領導和他們的關係。「傑克（Jack）和伊夫（Ev）都在持續幫助我在方方面面成長為更好的人。傑克極為支持我現有的新創公司。伊夫所給我的耐心則超過了我所應得。」[22]連成功的創業家都需要支援系統，而且必須發揮彼此的長處。轉型式領導人會驅動下一代的公司，並使職場環境對每個人更有利。

提升員工投入度的四種方式

透過無數的專題研究，以及橫跨各式各樣的企業去跟領導人交談，我把員工投入度縮小範圍成四個因素：快樂、歸屬、目的和信任。身為領導人，假如能培植這些因素，你就會大幅提高讓隊友保持有成效、圓滿和對目標用心的可能性。當你為對的職務徵聘到對的人，並以他們所需要的資源和情緒支持來對他們授權，他們就會成功。我們來更詳細看看這些因素。

／散布更多的快樂／

不分產業或公司大小，快樂員工的威力都不容忽略。快樂的員工比較可能會向你推介新人選，上網誇讚你，工作更賣力，願意追隨你，甚至是度過最大的困境。我朋友尚恩・艾科爾（Shawn Achor）是《哈佛最受歡迎的快樂工作學》（*The Happiness Advantage*）的作者，他發現快樂員工的生產力平均高出了三一％，業績高出了三七％，創意則多了三倍。[23]我知道它聽起來有點老套，可是當一位員工快樂時，那股情緒就會散布到團隊上下和組織的其他地方。

如何創造出快樂的員工

1. 就工作－生活的平衡來認真交談，以便向員工顯示你關心他們的私生活，而不只是他們的工作表現。
2. 不時做出和善之舉，像是在星期五以外找一天訂午餐來請大家，以顯示你關心他們。
3. 陪伴員工，去更加認識他們，並詢問你能怎麼為他們打造出更好的工作體驗。

／創造歸屬感／

我們人類天生就需要為他人所接受，而在職場上，那些「他人」就是我們的團隊成員。我在成長時，從來都是格格不入，並且不善於交友。在沒有歸屬感也沒有密友下，我在課業表現上遇到了麻煩，而且不快樂。念大學時，我加入了兄弟會，他們立刻就給了我同袍之情與接納感，因為每個人所經歷的六週入會考驗都一樣折磨人。我不必擔心交際生活，因為在比較年長的會中弟兄接納我後，它就為我確立了下來。這幫助我在時間和心力分配上更加聚焦，以便在實習和課堂上出類拔萃，而結果也極為正面。

在職場上，員工會想要覺得自己屬於團隊。這就是為什麼有這麼多領導人在徵才時，一開始所看的是文化契合度。他們想要的人是從第一天起就契合。當員工有歸屬感時，戒心就會降低，績效也會上升。歸屬感在工作上常遭到忽略，因為我們會大為聚焦於目標，而不夠關注身邊的人覺得如何。

為了創造歸屬感，你需要使員工覺得每一天都是社群的一分子。這有助於實現他們的抱負，支持他們的福祉，並使他們覺得受尊重。加州大學洛杉磯分校的教授在研究中發現，歸屬感受到威脅所產生的體驗類似於身體上的疼痛。[24]而且那只是開始。其他的研究發現，沒有歸屬感或覺得不受接納還可能導致鬱悶，減損解決問題的技能，並降低在職的稱職度。

「我的團隊在辦公室外的互動對投入度和留才率最為重要。」威訊的顧客體驗經理吉兒．薩瑞斯基說。「我們的羈絆是形成在酒吧快樂時光中、團隊烤肉期間和乒乓球桌上，而不是來自試算表或電子郵件。由於在辦公室外有實質的關係，所以我們在辦公室內很快就會互相支援。」

創造更強歸屬感的要訣

1. 提升歸屬感要靠排定交際活動，舉辦團隊午餐，並創造環境來讓人對分享私生活的資訊覺得安心。
2. 舉行更多的會議來涵蓋整個團隊，使全員覺得自己的聲音被聽到，需求也得到滿足。
3. 當你看到隊友沒有受到致意或涵蓋在團隊活動裡時，就要特別努力去主動探詢，以使他覺得受到歡迎。

／把目的連結上工作／

當你有目的時，你就會覺得自己事關緊要，並且有遵循的方向。多年來，我逐漸意會到，我的目的是要幫助我這一代走過整個職涯軌跡，從學生到執行長。經過多年的寫作、與各公司共事的經驗和指點年輕的專業人士後，我的目的才變得清楚起來。現在每當在事業或生活上要有所決定時，我都會考慮它是否合乎我的目的。假如不是，我就不予理會。這使我保持聚焦，並阻止了我把時間浪費在無助於我去支持同儕成功的活動上。我知道它就是我的目的，因為在我的人生中，大部分的決定都把我導向了它，而且每當想到有可能把它看透時，我就會很興奮。

我向以「波特五力」架構而著稱的哈佛商學院教授麥可．波特（Michael Porter）請教了我這一代對勞動力所造成的衝擊。他說，現今的年輕工作者「對於社會上的許多挑戰比前幾代要來得覺察，而且比較不願意接受把股東價值最大化當成工作上的充分目標。他們會尋找更廣泛的社會目的，並想要在有這類目的的地方工作」。[25]《先問，為什麼？》（*Start with Why*）的作者賽門．西奈克大概是目的型工作最大的擁護者，並擴展了波特的評語。他對我解釋說：「不分大小和產業，優異、啟發人心的領導人和組織全都知道為什麼要做自己所做的事。就是這種對於為什麼的清楚體會啟發了他們和身邊的人。就是它帶動了忠誠度。而且就是它帶動了他們一而再、再而三地成功。」[26]目的向來都很重要，但卻常遭到前幾代的人所忽略。現在它則是職涯的註冊商標之一，以及某人會不會在公司待下來或離開的關鍵決定條件之一。

創造目的的要訣

1. 把個人受到你的團隊工作所影響的顧客請來，使員工能聽見和看見自身努力的衝擊。
2. 不要光分配工作；還要確定隊友知道自己為什麼要做，以及要怎麼用它來支持組織、顧客、甚或是世界。
3. 要員工每天來上班時，都要分享成就和所感受到的目的感。這會有助於辨認出共有的目的和目標。

／確立和維持信任／

信任是任何良好關係的註冊商標，無論是工作或私人。當員工信任你時，他就會把你或許不想要聽到但卻是真正需要聽到的事告訴你。他會對你比較開放，提供反饋，並能把問題講出來，而不會有覺得受到評判或出洋相的壓力。加州克萊蒙研究大學的研究員保羅．扎克（Paul Zak）發現，公民之間有高度的信任時，國家在經濟上會比較成功。在一場實驗中，他監控了受測者的催產素水準。催產素在社會羈絆、調節社會互動上扮演了角色。扎克發現，當人覺得受到信任時，大腦就會產生催產素，而且愈覺得受到信任，所產生的催產素就愈多。此外，當個人覺得受到信任，繼而就會更信任他人。在職場上，員工在高度信任的公司裡所體驗到的壓力少了七四％，活力多了一〇六％以上，成效高了五〇％，所請的病假少了一三％，投入度高了七六％，對生活覺得比較滿意的多了二九％，過勞的可能性低了四〇％。[27]沒有信任時，員工就會覺得無法讓你關注到問題，也無法依賴他人來幫助自己完成工作。最終來說，不信任他人或本身不值得信賴的員工在團隊裡往往待得不會長久。

當你一直依賴手機而沒有親自交談時，要確立我所談到的那種信任就會很吃力。簡訊、即時訊息和電子郵件是技術上的溝通形式，但在打造強固的關係上，卻沒那麼管用。信任一個就在你面前、跟你面對面說話的人則要容易得多。

美國空軍的野戰訓練主任喬．羅倫斯（Joe Lawrence）說：「信任是我的頭號優先事項。我的信任方程式是要可見、感興趣和切身。我很講求要進到教室裡教一小時的課。假如我有疑問或想要他們的反饋，我就會去他們的辦公室。我會盡一切的努力來讓他們知道，我重視他們的時間不下於重視我自己的時間。然後我會去反思，我看到自己能替他們從路徑上排除掉的事，或是為了讓他們生活比較輕鬆，我所能增添的資源。」

爭取員工信任的要訣

1. 對團隊透明，讓他們知道你的心思到底是什麼，並把企業用語維持在最低限度。
2. 坦承自己的錯誤。這會使你比較有人性和值得信賴，讓他人更容易坦承本身的錯誤。
3. 信守承諾，使人員知道自己隨時都能指望你。

假如你或團隊裡有人覺得孤獨，那要怎麼做才對？

身為創業家，我最大的畏懼之一就是覺得孤立與孤獨。不管你是居家工作，還是獨自一人為案子負責，都十分容易覺得孤單，害怕不是團隊或組織的一分子，即使你就是。假如你在職涯中曾經有過這種感覺，你就知道唯一的解方是，同心協力去主動探詢他人或尋求幫助。關鍵在於，要重新設計任務與流程，使你（或在團隊裡覺得孤立的人）能固定與隊友有更多的互動。試試為案子分配兩個人，而不要讓每個人都單獨工作。這或許偶爾會使案子延遲，但對員工的心智和情緒健康會比較好。矽谷有很多公司都強烈鼓勵員工進辦公室，或者是住在附近。它們發現，團隊成員互動較頻繁時，就會創造出新的關係和想法，並使問題解決得比較好。在維珍脈動的研究中，有六〇%的受訪者說，假如在工作上有比較多朋友，他們就更可能待在目前的雇主身邊。尤其是較年輕的工作者：Z世代（七四%）和千禧世代（六九%）。[28]

它其實全都事關親自溝通。在覺得跟團隊成員碰面時間不夠的工作者中，四八%說自己不投入，七八%說自己常常或向來都覺得孤獨。此外，人員覺得要是跟同事有較多的碰面時間，就會減少在收發電子郵件上所花的時間量，增加在職學習，提高信心和生產力，改善與同僚的關係，使自己對組織更用心，並讓自己有更好的機會來獲得升遷。

優異的領導人如何使員工投入

投入並不是一週或一年做一次的事。它是成天、每天與隊友的互動。多年來，我研究了員工想要領導人跟他們往來的首要方式，好讓他們能把工作做到最好。[29]其中沒有一樣是跟科技有關（雖然在一定的情境中，它可能會有幫助）。為了讓員工投入，以下是優異的領導人所採用的八種作業。

1. 傾聽隊友，重視他們的意見，並打造尊重的文化。員工會想要跟你分享思維，而且不必通過十道的管理層級來做。假如他們知道你會聽他們所要說的話，而且你真的會對此採取行動（起而行遠勝於坐而言），那他們就會對你認真看待並持續分享。當員工覺得遭到忽略時，他們就會把分享想法視為在浪費時間和心力。

2. 給員工有意義的案子。他們會想要的案子是，對團隊、組織、顧客和外界有作用。沒有人會想要扮演一個渺小的齒輪，而且所能造成的影響力微乎其微。他們想要看到自己的工作是如何堆疊成較大的案子與倡議，以及它所產生的衝擊。身為領導人，你最大的挑戰之一就是要對員工說出動人的故事，使他們充分了解到，自己的日常任務會怎麼契合到更大的格局裡。無論員工願不願意坦承，以投入度來說，簡單的兩週發薪一次都無關痛癢；人會想要覺得自己事關緊要。為了把對的案子分配給對的團隊成員，你需要徵聘對的人，並訂出對的期望，使員工知道自己要負責什麼，並有工具和支援來成功。

3.指點員工並給予反饋，使他們能壯大。不幸的是，導師這個詞遭到了濫用與誤解。舉例來說，有的人說，任何可讓你學習的人都是導師；有的人則堅持，你在職涯中只能有一位導師。實際上，指點是兩個人配對起來，打造出共同的支援與成功。雖然有很多人認為，會從關係中獲得報酬的只有門生，但如果要成功，雙方都需要受惠才行。當你真正去投資員工，挪出時間來幫助那些正在掙扎、有疑問或可能用上一些指引的人時，成功的指點就會發生。

4.為透明樹立榜樣，讓人充分取得公司資訊，使每個人都掌握相同的狀況。週週開會來讓團隊得知最新的公司消息，並對勝利與挫敗都加以承認，使他們隨時知道究竟是怎麼回事，以及自己是站在何處。加以承認後，團隊就能設法從挫敗中反彈，共享勝利的榮耀，並成為未來成功的保證。

5. 輔導員工，而不要光指點。在輔導時，要提供可落實的反饋與建言，從本身的經驗中取用特定的例子，使他們充分了解到要怎麼做才對。員工和你都該作筆記，以便能依照共同確立的目標與期望來追蹤進展。通用磨坊（General Mills）的歐帕及托提諾（Old El Paso & Totino's）事業單位主任蜜雪兒．歐德蘭（Michelle Odland）會按月或按季對員工做輔導研討，因為它不但對他們的發展有幫助，也有助於她把工作做得更好。「去教才會把東西真正學會，所以對各個員工解釋和討論不同的發展概念有助於我深入去領略和了解概念。」對蜜雪兒來說，輔導研討是雙向的對話，會增強她傳遞給隊友的價值，並給她至關重要的反饋。它也是在向他們重申，他們的聲音與視角事關緊要。這種輔導風格是讓雙方都參與並互相投資，以促進他們的發展。

如何輔導員工

1. 讓員工知道，你期望他們為自己的行動擔起責任，但要對他們表現出，你有信心他們能把要做的任務給完成。如此一來，他們就會覺得你信任他們來解決問題，而且你對他們的表現感興趣。

2. 指出短處或績效上的課題，使員工能反思所犯下的錯誤，或是他們缺少的技能。聚焦於需要改善的問題或行為，並對他們舉出有幾次的特定例子是，他們能以更好的方式來執行工作。雖然我們想要改善他們的課題，但不要迴避先去肯定他們做得好的事。員工先受到稱讚時，就比較可能去接受批評。
3. 以協作的方式與員工共事來解決課題，使他們覺得自己是解方的一部分，而不單是問題的一部分。想法是要確保錯誤不會再次發生，並清楚確立你是用心在幫助員工每天都加以改善，而不是只有特定的一次。
4. 讓員工認同課題存在。員工對於問題一開始會沒有概念，需要靠輔導來幫助他們看到問題。
5. 最後，讓員工用心以共同講好的解方來化解問題。藉由一起工作來創造解方，隨著時間推移，你就會幫助他們培養出未來在提出本身的解方時所需要的技能。

6. 隨時在員工身旁。團隊成員和其他人會有爭論。員工需要知道你挺他們，並且會在最需要的時候支持他們。比方說有一位隊友在跨職掌的團隊裡工作，而且沒有受到公平對待。假如他對處境無法自行處理，你或許就需要出手來把事情擺平。當你保護員工時，他們會更投入和對你更加忠誠。

7. 提供機會來讓員工成長與發展。對員工將心比心應該不會太吃力，因為在短短幾年前，你也曾經在那裡。就跟你在職涯的前期一樣，員工會想要擴展技能，並在組織裡持續往上爬。假如你沒有找到新的方式來提拔他們，或是用新的責任來挑戰他們，他們就會變得無聊和不投入。所以要一起坐下來討論他們的個人職涯計畫，使你能針對他們的需求、渴望、長處與能力來裁量機會和挑戰。假如你無法在團隊中為他們找到適當的新挑戰，你就需要幫助他們在另一個團隊裡找到新的角色；假如你沒動靜，他們就會離開。

8. 讚賞隊友的成就，使他們對自己的工作和參與特別的事感覺良好。假如某人在提報上表現超棒，獲得升遷，過生日或生小孩，就要對那位員工和大家鄭重講點話。它是很棒的方式來顯示此人事關緊要，以及你是在人性的層次上來關心他。當你這麼做時，你就是在貢獻歡樂與肯定的文化，等他人做了很棒的事或遇到特別的時刻，那位隊友也會去致意。雖然你大多可以用簡訊或電子郵件來打發，但要盡可能保有人性和真正的交談才對。你所散發出的真切情緒比任何數位的方式都要強大得多。

如何讓遠距工作者投入

在愈來愈多的員工選擇有彈性的工作安排下，你很有可能需要管理一位或更多的遠距工作者，不管是現在或是不久後的將來。雖然有些人以為，管理一個鮮少見面的人會很容易，但它其實要有高超的技能。在跟遠距工作者保持聯繫上，協作式科技可能會有用，但靠電話、親自拜訪或視訊會議來跟他們形成比較個人的關係則是你的責任。

當遠距團隊不投入時，它幾乎都是經理人的錯。在一項研究中，有四分之一的虛擬團隊不稱職都是因為管理拙劣。不過，高度稱職的團隊所擁有的管理階層則會去提升問責度、動機、目的、流程，當然還有關係。[30] 最成功團隊的經理人跟員工都有一貫開放的溝通管道，並會確保這些員工知道組織正在發生的事，而且擁有需要的工具來達成目標。

遠距工作者會面臨若干獨特的挑戰。第一，他們感到孤立、孤獨和鬱悶的可能性要高得多，因為他們的人性接觸比其他的員工要少。第二，他們身邊的潛在干擾更多，好比說咖啡店的嘈雜人群，或是小孩在家裡的另一處打電動。第三，雖然遠距工作背後的意圖是為了比較大的彈性，但他們到最後常常會對時間失去掌握而鎮日都在工作。在辦公室時，你的工作日會比較分明，因為你每天都會在約莫相同的時間看到人員來來去去。

對於這些挑戰，你沒辦法全數克服，但靠著給遠距工作者固定的關注，你必定可以幫上忙。你的目標和遠端辦公方針一定要清楚，事後才不會遇到任何問題。要解釋遠距工作者對整個團隊的成功有多重要，並要求固定更新，好讓遠距工作者養成與你寒暄的習慣。要確定你不光是依賴高科技的協作工具在跟他們往來。反而要排定至少每週一次的電話會面或視訊會議，使你能跟他們保持情緒連結，並問他們在案子上有沒有任何更新，或是在任何事情上需要幫忙。課題沒有迅速化解就可能會惡化，並迅速成為大上許多的問題。

「每當遠距勞動力的溝通有所停滯時，眾人就會靠假定事業是發生了或沒發生什麼事還有謠言來填補那道真空，而且他們會對事業覺得非常疏遠與非常不安。」維珍脈動的總裁暨醫療長拉吉夫．庫馬爾說。「不停溝通至關重要，千萬不要讓遠距員工覺得自己像是在荒島上。」他補充說。「不管它是全公司的集會、網路研討會、電子郵件、Power Point 提報、更新事業健全度、交際電子郵件，還是公布成就。」

假如你想要把事情做得更進一步，可考慮規定遠距員工每年要進辦公室幾次。這或許看似嚴格，但對每個人都有好處，因為額外的碰面時間會使關係更深厚。班傑瑞（Ben & Jerry's）的歡樂長安東尼奧·麥克布魯姆（Antonio McBroom）告訴我，他要求遠距工作者「每季都要去主要的營業地點，以增強團隊的動能和所做工作的重要性」。此外，「總部有任何專業發展或在職以外的機會時，我們也會試著針對遠距工作者來納入相應之道」。

在授權遠距工作者時，對於分配給他們的案子要給予很大的自主和掌控權。下指導棋或許似乎像是持續讓他們投入的好辦法，但有很多人遠端辦公所圖的就是獨立從事案子的自由與機會。只要產出的工作有品質，就要給他們彈性來照自己的方法做事。我知道它聽起來有點違反直覺，但這會讓他們覺得比較融入，並鼓勵團隊的其他人多與遠距同僚往來。

各位都知道，我在本書中的目標是要促使各位增進與隊友的人性連結度。不過，要是忽略掉科技在促進溝通與協作上所能扮演的強大角色，那就可笑了。當你有遠距工作者時，科技可以是重大資產，只要你運用得當。假如你挑對工具，訓練員工要怎麼加以運用，然後在協作時善用這些工具，你就會更成功。假如你擁護工具，然後卻不加使用，團隊最終也會停止使用。有些工具可以在我們每天所收到的電子郵件上限制讓人吃不消的流量，並使我們在跟不在本地的人溝通時，能更為迅速和有效率。對傳統和遠距員工都要用這些工具來即時對話，並提升一週一次的員工會議。

最後，在對待遠距工作者時，試著不要跟對傳統員工有所不同。有很多領導人會挑選心腹（通常是每天都看到的人），而讓遠距工作者覺得自己無法成功，或是沒得到那麼多關注。這就是為什麼，要對遠距工作者的福祉展現出同理心與關切，並確保他們會達成個人與專業目標，而不只是你為他們所訂下的團隊目標。LinkedIn的學習與員工體驗經理奈娃爾．法庫里（Nawal Fakhoury）很認真看待這段話。「管理遠距團隊就類似於管理普通團隊，但必須更加強調建立信任、扶植溝通，以及落實團隊流程。」她告訴我。她的解方呢？「我對遠距員工所花的時間量是對鄰座隊友的兩倍。我會固定開一對一的會議，以聚焦於他們在辦公室外的生活過得怎麼樣，得知他們的工作環境，並隨時問到：『我能做什麼來支援你？』所有的會議都是透過視訊會議來舉行，使我們能有眼神接觸，並注意到肢體語言，以真正去體會遠距員工過得怎麼樣，因為我無緣看到他們的點點滴滴。」

遠距工作可以是福利、選擇，或是某人受到控制不了的情境所迫的事。所以要花點時間來了解，遠距員工究竟是為什麼處在那樣的局面，並想盡辦法去為他創造出正面的員工體驗。在此同時，了解遠距工作者的溝通偏好也很重要。臉書的績效管理負責人費維克．拉沃向來都會對遠距勞動力問說，「他們喜不喜歡視訊聊天？他們是不是那種欣賞非正式的電話交談不要牽扯到特定會議或工作的人？我們能做什麼來讓他們覺得像是團隊的一分子？我能不能排定去他們所在的地方拜訪，以顯示出用心並共享一些重要的面對面時光？」。靠著問這些問題，更重要的是傾聽回答，你才能依照各人的偏好來挑選出對的溝通管道。

讓人投入以留才的關鍵要點

1. **成為隊友的支援系統。**不要試著把方針推行到隊友身上，而要授權他們去迎向新的挑戰。鼓勵他們拿出自己最好的一面，並支持他們本身的抱負。
2. **輔導隊友要怎麼來應對問題。**把你本身的經驗當成指南來與他們共事，以共同擬出解方，使他們覺得自己的聲音被聽到，而且你信任他們。

3.關注遠距工作者。比照傳統工作者來對待他們，使他們覺得自己受到重視，並對整個團隊的成功有所助益。

Chapter 9

以同理心來領導

對身邊的人要和善。隊友／同事是家人，你的人生很多都是跟他們度過，所以要帶著敬重來對待他們，並確定自己在職場上有創造出正面的氣氛。

——大衛・歐提茲（David Ortiz）[1]

我們是住在混亂、緊繃和不可預測的世界裡，每天都受到謀殺、貪婪、霸凌、恐怖主義、性騷擾、勞動行為惡劣和違反倫理的報導所轟炸。閱讀或收看這些負面和煩人的報導一般都會激發出同情受害者的感受。不過，假如你自己當過受害者，你所體驗到的或許是截然不同和強大許多的感受：同理心。

當我們聽到同理心這個用詞時，許多人只會點頭稱是，而沒有充分了解到它所指為何，或者把它跟同情混為一談。這兩個詞有時候會交替使用，但差異很大。同情是為受害者感到難過或可憐，同理心是能了解某人的感受，彷彿他就是我們本身，在許多情況下則是因為我們真的經歷過。

就與隊友、家人、朋友的成功或長期關係而言，同理心是最重要的要素。

科技與媒體正如何扼殺同理心

每一代所獲知的科技與資訊都比父母輩要多。現今出生的孩童八成在兩歲前就知道虛擬實境是什麼，我則是到幾年前才得知。我早在大學時所用的行動電話壓根就不太能拍照，如今你則可以拍攝高解析影片，並把它上傳到雲端。

我們或許認為科技進步很酷，但它卻衝擊了我們的同理能力，並妨礙了領導人去培養所需要的深厚關係來壯大的能力。而且過程是從青春期（或之前）就開始。加州大學洛杉磯分校的精神病暨老齡學教授蓋瑞·史莫（Gary Small）博士說：「數位世界為青少年的大腦重新布了線，使他們比較無法體認到和分享快樂、難過或憤怒的感覺。」[2]

麻省理工學院的教授雪莉·特克（Sherry Turkle）解釋說，科技會阻礙我們去學習要怎麼有同理心。「它不是某種愚不可及的因果關係說，不是發簡訊就會使你比較缺乏同理心，而是說你無從去實踐會使你有同理心的事。」[3]特克說，面對面道歉時，你會看到對方的肢體語言和眼中含淚，並知道他有多不爽。而從你的肢體語言和臉部表情中，對方則會看到你有真切的愛心，並且是真的感到抱歉。以「我很抱歉」這幾個字來發簡訊一點都不會產生情緒連結。事實上，它到最後或許會使事情更糟。在我即將對數千人發表大型的專題演講前，我所約會的女生用簡訊跟我分手了，使我感到空虛又困惑。她大可親自跟我見面，甚或是打通電話，但對她來說，發簡訊比較容易。「比較容易」不一定比較好，至少不是所牽涉到的每個人都這麼想。當你的行事方式主動干涉到這些關係時，要與他人發展出較深厚的關係就會很吃力。

雖然我在青少年時期沒有智慧手機，但我是電玩遊戲迷。不過，我只擅長打鬥和策略遊戲。縱然我討厭去坦承，但玩這些電玩遊戲大大改變了我甚至是至今對世界的看法，無論是變好還是變壞。我自認在解決問題上出類拔萃，但或許會比較缺乏同理心，因為我習慣了看到這麼多暴力，至少在所玩的遊戲裡。而且我一點都不孤單。

我並不是說，我們絕不該聚焦在手機和其他裝置上。無庸置疑的是，它們是必需的溝通工具。可是當科技干涉到我們與他人保持眼神接觸、留意非口語線索和與同伴交際的能力時，那就是真的有問題了。

媒體也在助長。我們每天都看到世界各地有人死去時，就會培養出有時候所稱的「同情心疲乏」，並對其實應該要嚇到我們的「新常態」習以為常。當每分鐘都有新的悲劇時，要有同理心就很難。當我們知道明天會發生更糟的事情時，我們在今天怎麼去選擇要對誰發揮同理心？我們對壞事的發生習以為常到，都忘了要去為他人感受。而無法為他人感受時，你要當個稱職的領導人就會很吃力。

減少人性互動的次數也降低了我們對他人發揮同理心的能力，因為我們正在失去體驗的能力，那種在傳統上將我們捆綁在一起的各種情感的能力。每次的附帶交談、會面或工作派對都是對他人展現情緒、示弱和發揮愛心的機會。這些互動和把這些情緒表達出來的機會可能會對我們的工作生活產生巨大的作用。切記，同理心並不是為遭逢重大危機的人感到低落，而是以日常的表情與表意讓人在工作中感到安穩。在耐吉的敘事、創新和主管團隊服務的丹尼·蓋諾說：「科技理當要使我們更有同理心，靠的是為我們擴展能力來消化更多的資訊。但在職場上，科技卻常常削弱同理心。眾人常常把電子郵件寫得刺眼，從背後的情緒堡壘中放出強硬的消息，而不是以同理心去給予面對面的反饋。眾人常常坐在一起透過聊天或遠距網址來商議，而不是一起開會，讓眾人以飽滿的人性把熱情傳達出來。我們需要體認到，肢體語言、眼神接觸和聲調等有人性的線索才是溝通的根本。科技還沒有提供這點的替代品。所以要盡可能把人當人來對待。」

持平來說，科技並非一無是處。湯森路透早期職涯的人才與發展副總裁伊洛娜．尤爾克維茲為我舉出了若干例子。「每天都有人透過約會應用程式，以非常深刻與強大的方式來連結。在某些案例中，有人在像是Tinder的應用程式上一次就聊了幾星期，純粹靠簡訊就培育出深厚又有意義的關係。」她說。「在青少年時代，純粹靠著電話、線上通訊和寫信來溝通，我就跟某人有了非常深刻的個人連結。我們有多年沒有見面，但事實上透過這些溝通（還不是面對面！），我們建構出了無比深刻的羈絆，延續了近十八年……所以假如在約會應用程式上發簡訊、郵寄信件的筆友或文字訊息，我們就能建構出對自己事關緊要的關係……那為什麼我們在工作上不能透過視訊會議或電話來這麼做？我必定認為是可以，而且我一直看到它在發生。它就是要付出努力和下工夫。」言之成理，伊洛娜。但我們在本章的稍後會看到，連她都相信，親自溝通對建立同理心很重要。

我這輩子多次淪為霸凌的受害者，從在中學時被塞進置物櫃，到十年前在個人部落格上發表意見後遭到網路霸凌。不停遭到同儕嘲笑持續影響了我如今會信任誰，以及會怎麼認可他人。當我們忍受過失敗、受傷、家人過世、騷擾、霸凌或其他的事，我們就更能認可他人的挫敗與危機。當悲劇打擊到其他人時，你能對他們將心比心，真正了解他們的感受如何，雖然不會立刻就把事情化解掉，但會把你們更緊密地拉在一起。如同瑪雅．安吉羅的名言：「眾人會忘記你說了什麼，眾人會忘記你做了什麼，但眾人絕不會忘記你使他們感覺如何。」[4]

不幸的是，新聞報導鍥而不捨地拿悲劇和苦難來疲勞轟炸，以及我們對科技成癮，加起來便減弱了我們對他人發揮同理心的能力。在現在著名的畢業演講中，對象是二〇〇六年的西北大學畢業生，巴拉克．歐巴馬（Barack Obama）說：「我們是活在打壓同理心的文化裡。文化太常告訴我們，人生的主要目標是富有、瘦身、年輕、成名、安全和開心。在文化中，大權在握的人太常鼓勵我們追求最自私的衝動。」[5]社群媒體更新、運動和電影對我們干擾到，使我們在長期的快樂與成功上對真正重要的事失去了掌握：跟家人、朋友和共事的人關係斐然。炫目的車子、名錶、豪宅和其他的物質事項或可激勵你，但它們也會把你帶離使你圓滿的關係。

我們的同理心羅盤破碎到，使陪伴許多兒童成長的節目《芝麻街》（*Sesame Street*）必須徵聘演員馬克．魯法洛（Mark Ruffalo）演出多個橋段來把它解釋給兒童聽。「同理心就是你能了解並關心別人感覺如何。」他說。在我們的文化中蔚為流行的缺乏同理心會傷害我們的關係，在專業與個人上都是。

當領導人缺乏同理心時，員工的表現就會下滑

在提倡個人主義的文化中（我們就是如此），人會忍不住把同理心視為短處、缺陷、劣勢或不幹練的證明。它跟這些事毫不相干。而當領導人絲毫不把同理心當成正面的特點來看時，這麼做就會自陷險境。

不幸的是，我們放眼各處，所目睹到的都是與有同理心的領導人恰恰相反。有太多領導人都是冷漠、自戀、自利、對權力飢渴和完全走偏，而不是真切關懷與認可自己所領導的人。他們不是在打造關愛與充實的文化，而是在摧殘團隊（和我們的整個社會），卻常常沒有足夠的自覺來看出（或關心）自己所造成的損害。

也難怪現今的工作者會焦躁、有壓力和掙扎。有很多人在支付住房和雜貨上都有困難，執行長平均卻比為他們工作的人多賺了兩百七十一倍，而且這道差距有增無減。[6] 職場的性騷擾是有增無減的課題，雖然刻板印象中大多是男性騷擾女性部屬，但它其實是權力問題；無論是男是女，都是由握有較多的人去剝削握有較少的人而不分性別。在優步（Uber）的人資團隊忽略她的性騷擾通報後，蘇珊・富勒（Susan Fowler）便出面指控，到最後有二十名員工遭到了開除。[7] 這些員工無疑是行徑惡劣，並需要接受問責，但更大的問題是，性別歧視的文化是由執行長一手造成。騷擾不光是發生在辦公室。訪問了超過四千位成人後，皮尤研究發現，有四一%的人在網路上遇過騷擾行為，有三分之二則是目睹過他人遇此行為。[8]

職場霸凌是我們所聽到另一個層出不窮的巨大課題。根據職場霸凌研究所（Workplace Bullying Institute）的資料，受到在職霸凌所影響的美國工作者超過六千萬人。這夠可怕了，但更糟的是雇主的回應：二五%是毫無作為，四六%是「草草」調查。幫助受害者的只有二三%，懲處加害者的僅有六%。[9] 領導人要是霸凌或騷擾，或者坐視它在眼皮下發生卻不加懲處，公司就會耗損數十億美元源自工作者的創意減弱、異動率增高、士氣降低、缺勤率上升、生產力流失、工作者的賠償保費增加、工作者的身心健康低落、職場意外、對公司的負面宣傳，當然還有訴訟和金錢和解。這一切都是導因於領導人缺乏同理心。

而且可別忘了貪婪，它是缺乏同理心與倫理的人常會流露出的特點。這點有個很棒的例子就是世界最大的金融機構之一富國銀行（Wells Fargo Bank）。在二〇〇二到二〇一七年間，理專以顧客的名義開立了數百萬個假帳戶。各位可以想像到，當顧客因從沒開過的帳戶而開始被收取費用時，他們不滿到了極點。最終這些理專和他們的上司有很多都遭到開除，董事會罷黜了執行長，公司則繳交了一億四千兩百萬美元的罰款。但在這段時期當中，執行長賺了數百萬美元，銀行則賺了數十億美元。[10] 顯然是有財務誘因，富國才會鋌而走險；它所賺到的錢遠多於所須支付的罰金和罰款。這在本質上就跟福特（Ford）在一九七〇年代所運用的邏輯一樣，搞清楚了要怎麼去應付它有很多斑馬（Pinto）汽車都在相對輕微的車禍中著火，而使數十人受傷或送命。公司的主管冷血地決定，在訴訟中和解比召回一百多萬輛車並花錢修復要來得省錢。

無感的領導人或許也比較不可能去關心員工的安全。那個兩百七十一倍的薪水差距可能會使執行長很難去認可工作者，或者只把他們當成是為了替公司賺錢而存在的無人機來看。我確定各位看過很多報導是在講職場的條件不安全或不衛生，而使員工受傷或送命。有同理心的領導人則會去關切員工的身體健康。

所幸並不是每個人都能認可跟倫理標準低落（或付之闕如）的領導人打交道，或者是遭到霸凌。但每個人都會在某個時候必須去應付企業鬥爭。也許是經理拿你的工作來邀功，或是表現低落的隊友使你在升遷時落空，因為他跟老闆的個人關係比較好。有很多的領導人覺得，自己需要涉入辦公室的鬥爭才會成功。而在羅致恆富（Robert Half）的研究中，則是有六成的工作者認同，並相信為了出人頭地，涉入辦公室鬥爭有其必要。[11]

當然，辦公室鬥爭並不是全都有破壞性，而且沒有一間辦公室能在運作時不帶有任何的鬥爭。但我勸各位，對於八卦、偏私和密謀打壓隊友來出人頭地等鬥爭要敬而遠之。這些策略在當下或許是好主意，但它會回過頭來反噬你。此外，有鑑於我們有多常換工作，你永遠不會知道在下一份或下下一份職務中，你會跟誰共事或為誰工作。把後路斷掉絕對不聰明。

我們就是自戀：我們對自己聚焦太多，對他人則不夠

依密西根大學的教授莎拉．康拉特（Sara H. Konrath）所記述，大學生自我回報的同情心

評等從一九八〇年起就節節下滑。在此同時，聖地牙哥州大的心理學家珍・圖溫吉（Jean M. Twenge）則表示，自戀評等從來沒這麼高過。[12]她分析了一萬五千位大學生的資料，發現出生年份和自戀評等有關係，比較晚生的人所展現出的自戀比前輩要強。圖溫吉還發現，儘管我們宣稱重視社區服務，大部分的人卻寧可看電視、玩遊戲，或是做討好自己的事，也不願意幫助他人。

社群媒體也在助長此問題。符茲堡大學的教授馬庫斯・阿佩爾（Markus Appel）分析了五十七項研究，所涵蓋的參與者超過了兩萬五千位，發現在社群網路上的朋友數、所上傳的照片數跟自戀有所牽連。在社群網路上愈主動，就會變得愈自我陶醉和愈少關懷他人。我們大為執迷於動態更新、讚、留言和分享，並大為聚焦於受到留意和得到他人讚許，而失去了發揮同理心的能力。

直升機父母（盤旋在子女上空，以便替他們擋下任何和所有的不便）、剷雪機父母（替子女除掉路上所有的障礙）和其他類似的父母從不讓子女失敗，而助長了自戀蔚為流行。他們比較聚焦於控制子女，並對他們的生活保持涉入，而比較不注重他們的情緒狀態、感受和長期行為。假如你被當成像是宇宙的中心來對待太久，你就會開始相信它，而這就是太多年輕的專業人士所發生的事。假如這不是自戀的定義，我就不知道什麼才是了。

另一方面，父母可以阻擋子女自戀。例如我爸媽就是我所知道最會關懷與付出的人。他們幫助我度過了許多難關，並讓我失敗後從錯誤中學習。我向來都知道，他們就在我身旁。我會花這麼多時間來幫助他人，有一大部分就是來自他們養育我的方式。

評估：度量你的同理心程度

既然你看到了同理心有多重要，而且對此掙扎的人很多，那我們就來看看你擁有多少的同理心。要更加開放、認可他人和順應情緒，第一步就是要自覺。以「是」或「否」來回答下列問題。假如你的「否」超過了三個，那在擔任領導人時就需要學著去展現出更多的同理心。

1. 傷害到某人的感受時，我會道歉並坦承錯誤。
2. 身邊的人不爽時，我就會變得不爽。
3. 看到別人受到惡劣對待時，我會生氣並想要出手相助。

4. 有歧見時，我會試著去了解每個人的視角。

5. 當團隊裡有人把工作做得很棒時，我會表彰此人。

6. 當某人受到批評時，我會試著去想像，假如我是那個人，我會覺得怎樣。

7. 當眾人對成功感到快樂時，我就會為他們感到快樂。

8. 看到比較倒楣的人時，我會對他們有愛心。

9. 在與團隊共事時，我會真切關心他們，而不只是當成員工來看。

10. 某人流淚時，我在本能上會想要出手相助。

同理心的實務

我們在社會上所體驗到的缺乏同理心造就了新的團隊、團體和公司復興，以試著來重拾愛心。從二〇一五年起，我有一位同業領導人朋友克里斯．山柏拉（Chris Schembra）就會請朋友與同僚吃晚餐。在晚餐期間，克里斯會在廚房裡做特別的義大利麵醬，並找每位客人進來在特定的活動上幫他的忙，像是切片、烹調或上菜。然後在用餐時，他們會四處走動來介紹自己，不光是報上姓名和公司，還要把對自己的人生有過正面影響的人告訴他人。幾乎每次的晚餐至少都會有一個人真的掉淚，因為他們是處在令人感到安心的環境裡，使他們能把本身故事的情緒衝擊充分展現出來。我談到了家父，以及儘管小時候對他不敬，我卻是如何逐漸了解到他有多支持我，在個人與專業上都是。「當人養成習慣去傾聽他人的感受與視角時，他就會開始了解到，這些人能教會自己在人生中所需要的一切。」克里斯說。在輕人性、重科技裝置的形態中，要有這類的了解、連結、親密感和同理心則是相當困難的。

克里斯所打造的體驗是在晚餐中來提升同理心，隸屬於優步人員發展團隊的南蒂．夏瑞夫（Nandi Shareef）則是在不同的處境中以同理心來領導。在她的團隊中，有同儕對自己的價值感到很迷惘，並開始質疑自己為職位貢獻的能力。南蒂對她發揮同理心的方法是，請她去喝一杯，並花時間來了解她為什麼會這麼覺得。接著透過她為團隊付出過什麼的事實和趣聞，南蒂印證了隊友的貢獻。「我請她回到家去反思會使她快樂、帶給她歡樂和使她覺得有價值的事，並把這當成事情會順利進行還是會每下愈況的固定練習。自此之後，她在辦公室走動便抬頭挺胸，而且所得到的結果證明，這樣的轉換對她有效。」

南蒂顯然是以同理心來領導，但有時候領導人自己也需要靠有同理心的隊友來度過艱難的處境。艾莉絲艾妮的社群媒體主任潔西卡．拉提蒙就親身體驗過這點。她遭逢了離婚，父親又重病。潔西卡想要把工作和私生活分隔開來，於是便把與團隊分享的那些私人細節減到最少。幾個月後，她總算把自己在生活上發生了什麼事告訴兩位團隊成員。「我有一位團隊成員回應得好真誠，隔天她就帶著卡片和項鍊進來，以示意我會把這件事熬過去。」她說。「這一刻使我意會到，維持界限很重要，以及，我們全都是凡人，有時候需要讓人知情。」以同理心來說，小動作和開放的交談會使關係更強固。

儘管是有名氣和財富，連社會上最顯赫的創業家都了解同理心的重要性。當小勞勃．道尼（Robert Downey Jr.）的鋼鐵人還沒出現時，伊隆．馬斯克就會力行同理心。多年來，特斯拉的工作環境都不如業界的平均情況安全。馬斯克說，安全在他的公司裡是最優先的，並表現在減少過度加班（跟高受傷率有所牽連）和真心誠意寫信給員工上。馬斯克在信裡不但承認安全的問題存在，並提出要跟每位傷者見面，還許諾會走進生產線和員工做一樣的工作。最好的是，他堅持要經理人比照辦理。以不凡的方式展現了同理心並帶頭示範！

伊隆・馬斯克有同理心的致員工函

言語無從表達我有多關心各位的安全與福祉。當有人為了打造車子並盡力使特斯拉成功而受傷時，我就很心痛。接下來，我已要求每次的受傷都要直接向我回報，沒有例外。我每週都會跟安全團隊開會，並想要等每位傷者一好就見個面，好讓我能從他們口中了解到，我們究竟需要怎麼做才會使它更好。接著我會下到生產線去跟他們從事一樣的工作。這是特斯拉的經理人全都該照例去做的事。在特斯拉，我們是到前線而不是從某個安全舒適的象牙塔來領導。經理人必須隨時把團隊的安全置於自身之上。[13]

以下是另一個領導階層有同理心的實際例子：小型科技公司的工程師梅德琳・帕克（Madalyn Parker）想要請心智健康假，並寄了電子郵件給團隊說：「團隊好：我今明兩天要請假，以聚焦在我的心智健康上。希望我下週回來時，會神清氣爽地恢復到百分之百。」[14]梅德琳的經理以最正面的方式回覆說：「梅德琳好：我只是想要謝謝妳寄了像這樣的電子郵件。每次妳一寄，我就會把它當成提醒，請病假對心智健康有多重要。我不敢相信的是，這在所有的組織裡都不是標準作業。妳是我們所有人的榜樣，並有助於破除污名，使我們全都能把完整的自己帶到工作上。」經理不但了解員工遭逢了什麼事，還表揚了她的誠實。

有了同理心，領導人就能考慮到隊友的個別需求，而這可能會使他們在工作上感到比較安穩。釘圖（Pinterest）的多元方案專員傑森．龔（Jason Gong）就很感激經理人，因為他們會考慮到他的個別需求、風格與整體健康。「我的經理十分支持在必要時居家工作和請休心智健康假。我的工作可能會非常耗費情緒，而在我這行，自我照顧就是成功與影響持續的關鍵。」假如員工需要晚一點上班，遠端辦公一天，或是照顧生病的父母一週，我們就需要了解這點並盡其所能地通融。我們身為領導人的角色不單是要幫助團隊高度成功，還要照顧每位個人的需求。

兩位迥然不同領導人的故事

史蒂夫．巴默（Steve Ballmer）和薩帝亞．納德拉（Satya Nadella）都當過微軟（Microsoft）的執行長，領導了超過十萬人員工的全球組織。他們共有職銜，領導風格卻截然不同。巴默會走進辦公室，盡可能以最直接的方式把團隊做錯的事全部告訴他們。

納德拉是現任執行長，以比較有同理心的做法來領導，相信人類生來就有同理心，並且在工作中渴望和諧。巴默很嚴格，納德拉則想要了解員工是出身自哪裡，以便能為他們打造出更好的環境。納德拉所學到一些關於同理心的強大啟示是來自他的第一個小孩出生時，有嚴重的腦性麻痺。他太太放棄了職涯來照顧小孩，使他意會到如果要把爸爸和先生當得更好，他就需要在情緒上對小孩將心比心。[15] 這番個人體驗為微軟的辦公室和它所打造的產品注入了一些人味。

同理心轉化成實質的營業結果

到這個時候，各位或許還是認為同理心的整個概念聽起來有點太肉麻。唔，再想想看。身為地表上最強悍的人，連海軍海豹部隊在建立團隊時，都要學習同理心的價值。為了在戰鬥中成功，你需要以信任來建立的強固支援系統，而要是沒有同理心，它就無法存在。在二十三歲時加入海豹部隊的葉光榮說，他能忍過所有的難關，就是因為他跟團隊有情緒連結。

他之所以勇往直前，就是知道假如遇到了障礙，他人就會來幫忙。「當水太冷時，弟兄會鼓勵我走下去。當事情受阻時，他會說：『這會過去的，繼續就對了。』」葉光榮說。[16] 你在公司內會面臨的挑戰，可能遠不如海豹部隊日常所面臨的來得生死交關，但重點在於，分享同理心可以讓人挺過任何事。

同理心就是我們是誰的核心，而且在營業上扮演重要的角色。情緒智力研究協會（Consortium for Research on Emotional Intelligence）發現，同理心與營業額的上升相關。同理心可以提高生產力。[17] 對放射人員的研究發現，當病歷檔案裡包含病患的照片時，他們所呈現的報告會比較準確、詳細。[18] 而當募款人員告訴準資助者，他們所捐的錢會如何去幫助獎學生時，所募到的捐款會比較多。[19] 根據管理研究集團（Management Research Group）的資料，在同理心上評等最高的領導人會被視為比較有倫理和比較稱職。[20] 不幸的是，有同理心的領導人的數量並不足。在名為《職場同理心監測》（Workplace Empathy Monitor）的報告中，事業解答者（Businessolver）發現，只有二四％的美國人相信組織有同理心；三一％的員工相信，利潤才是對組織至關緊要的一切，而且雇主並不關心他們；有三分之一的員工則說，假如新雇主比目前的雇主要有同理心，他們就會為了同等的薪水而換工作。[21]

以同理心來領導會有助於你……

1. 形成更好的策略決定，因為你了解隊友和員工是出身自哪裡。
2. 以關心和愛心來化解衝突，因為你更加認識人員並能判讀得更好。
3. 以自己的觀點來說服隊友，因為你了解他們的觀點。
4. 預測他人的行動和反應，因為你知道他們經歷過什麼。
5. 激勵他人，因為你花了時間來了解他們最關心的事。

成為有同理心的領導人

在訓練自己要如何以同理心來領導時，所採取的步驟要小。挪出時間來跟隊友談話，而且在交談的開端就要問他們覺得如何。這是容易、低壓力、直接的方式來開啟情緒上的交談。問「你過得如何？」和「你覺得如何？」是有很大的不同。覺得這個詞會帶出情緒，過得則比較是以活動為準。你的目標是要更貼近開放，而不是用科技來寒暄。

假如你對覺得這個詞感到不自在，那也沒關係。重點是要靠發問來帶出誠實的回答，使問題無法以「還好」來回答。奇波雷墨西哥燒烤的訓練主任山姆．沃羅貝克原本常問的問題像是「這個案子怎麼樣了？」和「你有拿到所需要的資源嗎？」。但隨著時間推移，他也換成了比較深入的問題，好比說「工作量會不會太重？」和「我知道你在家裡有很多事要做，你還處理得來嗎？」。起初他怕自己會太針對個人，但結果卻令人驚豔。「我的團隊現在都會在工作上公開談論家裡有什麼事。不是生活上令人不快的細節，而是足以讓每個人都知道我們全都在應付什麼事。」他說。「如此一來，『我現在在家裡遇到了困境』或『我們正忙著買房子，所以我不在辦公室的時候會多一點』就會容易說出口得多。以前我們的居家生活是祕密，我們會互相隱瞞，而且當有人因為日常生活中所發生的事而陷入掙扎或不見蹤影時，就會提出許多疑問。現在我們要發揮同理心、慰問和讚賞時，就能比以前要真心得多。」

同理心再棒，工作和私生活之間有界限還是很重要。「我認為開放式、有同理心的討論在工作上並非普遍有用，因為它常常是奠基於『我的工作太吃力了』、『我有太多的工作要做』，或者『我太忙了』。」學樂的科技副總裁史黛芬妮．畢克斯勒說。「我自己固然是對這些感受有感，但我認為這並不是以有成效的方式來切入工作，因為自憐對任何人從來都起不了任何作用。不過，當私事衝擊到團隊裡的個人時，假如個人有興趣這麼做，我認為展開這些情緒上／有同理心的討論就會有高度的衝擊力。」假如個人沒有興趣投入有同理心的交談，無論是性騷擾還是家人過世，都不要硬是解決問題。但假如員工決定對你敞開心胸，那就要全心傾聽。

說到底，就是要去認識員工，並從他們身上獲取線索。「以管理軟體工程師的團隊而言，交談時必備一盒面紙的頻率很低。」藍多湖公司的行動和新興科技經理山姆．韋歐雷特說。「這代表針對人員在職場外的生活中所發生的事來交談會大有幫助。假如我知道某人的父親在住院，或者他正在賣房子，並被伴隨這個過程而來的每件事搞得手忙腳亂，我就會知道需要縮減那位員工的工作量。最好的員工會把工作擺在幾乎是其他每件事之前，而身為經理人，有時候你的工作就是要替他們擋下這個決定。」

在討論期間，你需要做三件事：

1. 表現出關心，把你的手機收起來，並把提醒關掉。這或許聽起來瑣碎，但維吉尼亞理工的研究員夏麗妮．米斯拉（Shalini Misra）發現，光是把手機放在桌上或拿在手裡就會降低夫妻的「互連」感與同理心。[22]你看手機的剎那就是在樹立障礙，會折損與面前此人的關係，並且使他將來比較不可能會想要跟你聊到私事。

2.傾聽而不打岔。

3.展現出你有所了解，把你自認聽到了什麼加以總結。但不要只是把員工的話倒帶重播。各位八成已經很熟悉的是，加州大學洛杉磯分校的教授亞伯特·麥拉賓（Albert Mehrabian）發現，我們所溝通的事大約只有七％是包含在我們所說的話裡。其他九三％則是來自我們的聲調和肢體語言。[23]所以對這些事要密切關注。假如你只把話聽進去，那距離員工試著要跟你溝通的東西，本質上可能會相差很遠。

組織裡的領導人顯露出人味與短處時，就會變得比較可親。在創意領導中心（Center for Creative Leadership）的研究中，作者發現轉型式領導人需要以同理心來關心部下的欲望和需求。同理心跟工作表現也是正相關。你顯得愈有愛心並願意在隊友有困難時出手相助，他們就會為你工作得愈賣力與愈用心。[24]

我們全都會想要覺得自己重要和事關緊要。知道了這點，領導人就該把人員當成是很重要的一部分來對待，並給每個人公平的機會來展現能力和展示自己究竟是誰。不要對員工有刻板印象，而是要包容他們，並使他們覺得自己在你的團隊社群裡是一分子。在許多情況下，要做到這點的關鍵就在於面對面交談。全錄的CP基礎設施與分析經理阿米特．特里維迪把他有過的體驗告訴了我。「我有一位團隊成員對管理高層的策略有所質疑。為了了解他質疑的基礎，我便跟那個人見面來一對一討論。」他說。「在這次互動當中，我得知了他過去的工作是如何不受賞識，對管理階層的反饋遭到了忽略，而導致他覺得自己對群體沒增進多少價值。我得以要那個人放心，我會大大用心去肯定個人所付出的努力，並把反饋納入考量，一如我會用心去把案子做完。要是透過電子郵件甚或是電話，這次的交談就不會有同樣的體驗和結局了。」

最後但值得一提的一點是，要不求任何回報來給予幫助並引導隊友。這是有同理心的舉動，因為你展現出自己願意投資他人，而不光是自己。你也是在累積某種正面的長期果報（假如你相信這種事的話）。當你為他人做了無私的事，他的自然反應就是想要做某件事來回報你。

成為更有同理心的領導人並非對每個人來說都很容易。（假如是的話，會這麼做的人就會多得多。）但假如肯下工夫，你就會做到。這正是湯森路透早期職涯的人才與發展副總裁伊洛娜．尤爾克維茲所發生的事。「當我最早開始管理時，跟團隊成員建立有意義的連結對我來說很吃力，因為它感覺起來很表面又牽強。直到我學會了同理心發問的藝術，我才日益愛上了它。」她告訴我。「我在嘗試學習技能時，從中建立了系統。我在工作上會隨時帶著筆記本，並用它來把筆記寫下來。在封面內頁，我決定寫下五、六個問題，使我在一對一的開頭能隨時參考。這些是個人問題，有助於我了解另一個人的觀點，並開啟更深入的對話。所以每次在一對一時，我一定都會問其中兩、三個問題。我意會到，強迫自己這麼做，我最終就會對建立遠距關係變得比較自在，並使它成為學習而來的習慣。而且你猜怎麼了？經過了一、兩年，它現在自然又愉快，而且我很開心能找到機會來發揮同理心。我也認為它使我成了更優秀的領導人。」

你在工作上能把同理心表現在哪，而且可以怎麼做

處境	如何處理
員工有家人過世。	告訴他，你很難過他痛失親人，而且你知道它感覺起來是如何。然後看他需要請多少假就給，好讓他重新振作。
員工在完成案子上陷入了掙扎。	問他掙扎的是什麼，以及你可以怎麼幫忙。為了支援他，你可以跟他共事，訓練他，提供額外的資源，甚或是把案子重新分配。提醒他，我們全都會感到掙扎，尋求幫助一點都沒錯。
兩位員工互相爭論。	對各員工個別會見，並仔細聽取事件的兩面。等你了解衝突是怎麼回事，就排訂三方會面，並試著要員工從對方的觀點來看事情。這很有可能就足以讓他們自行化解問題。
員工過度有壓力。	讓他知道壓力很正常，並建議他花時間去上健身房、散步，或是早上請假。這不會是你第一次或最後一次必須應付有壓力的員工，所以要立下清楚的先例來讓整個團隊知道，你重視他們的心智健康，而且不管他們需要做什麼來覺得比較放鬆，你都會加以支持。

在 #MeToo 的年代以同理心來領導

職場上向來都存在著性騷擾，但它成為重要課題是在二〇一七年，一連串對性劣行的指控把若干要人拉下馬後。在好萊塢的前巨頭哈維・韋恩斯坦（Harvey Weinstein）遭到指控後，塔拉娜・柏克（Tarana Burke）設立了 #MeToo 的主題標籤，並受到艾莉莎・米蘭諾（Alyssa Milano）所推廣，以便對遍布的性騷擾問題提高覺察。#MeToo 的結果是，全國各地的女性及男性把自身的故事公開，而且這導致了演員凱文・史貝西（Kevin Spacey）落馬，然後是明尼蘇達州的參議員艾爾・法蘭肯（Al Franken）、賭場億萬富豪史提夫・韋恩（Steve Wynn）、創投業者戴夫・麥克盧爾（Dave McClure）、諧星路易 C.K.（Louis C.K.）、名人主廚馬利歐・巴塔立（Mario Batali），甚至是美國前總統小布希（George H. W. Bush）。《時代》（*Time*）雜誌在二〇一七年的年度風雲人物就是「打破沉默的人」，一群夠勇敢而挺身發言的女性。[25]

在美國的職場上，有七一％的員工回報受過性騷擾，[26]相較之下，英國則是四〇％，亞太地區約為三五％。[27]即使日本的職場推行性別平等已超過三十年，日本的食品加工企業集團，日本火腿股份有限公司（NH Foods Ltd.,）的總裁仍因為下屬在旅行中對航空公司的員工開黃腔而必須下台。#MeToo 在各地影響了每個人。然而，大約只有四分之一的受害者向人資通報事件。[28]

指控知名人士騷擾和侵犯固然絕大多數都是由女性對男性發動，但如我在先前所提，性騷擾是關乎權力和宰制。有權力的女性可以並確實會做出騷擾的行為。例如加州的女議員克莉絲蒂娜．賈西亞（Cristina Garcia）（諷刺的是，她是《時代》雜誌的文章所報導的女性之一）就遭到多位男性職員控告騷擾。[29] 而且不妨想想，有許多女性的中學老師都曾因與男性的青少年學生發生性行為而遭到逮捕。

#MeToo 運動在好幾個方面衝擊了職場，而且並非全然有利。其中包括在辦公室派對上限制飲酒，採用愛情契約（相戀的同事必須簽署協議說，他們是自願在一起），以及員工害怕彼此擁抱。我還聽到有案例是，男性迴避與女性員工交流、加以指點，甚或是獨處。這很悲哀。在臉書和 Google，員工只准邀約同事一次。「我很忙」或「我那天晚上不行」就等於「不要」，臉書的就業法全球負責人海蒂．史瓦茲（Heidi Swartz）說。[30] #MeToo 運動在工作上給了女性（和男性）安全、發聲權與權力，但副作用則是在過去十年間，辦公室戀情減少了四%。

既然我們的成年生活有這麼多時間花在工作上，我們自然就會仰賴它來當成找伴侶的來源。在工作上禁談戀愛（甚或是碰觸）固然可能會傷害到關係、健康和福祉，可是當不想要的騷擾發生時，我們則需要加以覺察並當場阻止。

對性騷擾變得覺察要從了解法律上的定義開始：「任何不受歡迎的性冒犯或性要求假如形成了惡意的工作環境，就可能構成非法騷擾。」[31]不幸的是，這個定義廣泛到令人沮喪。實際上，性騷擾常常是那種「感覺到才會知道」的事。不過，假如你沒有直接體驗過性騷擾，或許就會缺少同理心來了解受害者的感受。所以用以下的方式來想一下：身為領導人，你處在有權力的職位上，並對團隊、他們的薪水和他們的職涯軌跡有影響力。你應該要用這項特權來支援他們，而不是占他們便宜或貶損他們。想要和不想要的表意是一線之隔。舉例來說，千萬不要分享不當的圖片（尤其是任何遠距性愛的東西）、講黃色笑話，或是發送暗示性的電子郵件。但對握手或午餐約會也不用太過擔心。

對於所看到的事，假如你覺得可能會構成性騷擾，那你有各式各樣的選項。必治妥施貴寶的資訊和資料管理副主任約翰．亨斯曼會針對個別的處境來裁量回應之道。「我常發現，現今的受害者會堅持立場反擊，所以在這些情況下，我會讓他們這麼做，並在需要時予以支持。」他說。不過「在受害者看似脆弱的時刻，我有時候則會替他們反擊，在交際時把嫌犯找過來，試著以保持溝通管道開放的方式來（這麼）做，並提供途徑來讓他們改過自新」。

假如你對於自行應付性騷擾的處境覺得自在，那一定要把所發生的每件事和你採取的每一步都記下來。假如你覺得不自在，或者不確定要怎麼做，那就把事情交給人資。假如有員工來找你指控別人性騷擾，同樣的邏輯也適用：你必須立刻去調查，要不然就是把事情提交給人資。對指控未能認真看待會加劇問題，並助長有害文化的形成，而使那類的行為可以被接受，好比說福斯新聞（Fox News）的前負責人羅傑·艾爾斯（Roger Ailes）在任時所存在的現象。

「領導人表現出同理心要早在性騷擾事件前就開始。」利寶互助的品牌與整合行銷副總裁珍娜·雷博說。「同理心要從打造環境來做起，使站出來通報職場騷擾和歧視受到接納與支持。」

回應原告的指控固然重要，但尊重被告的權利也很重要。「確定指控百分之百準確完全是另外一番局面。」大西洋唱片（Atlantic Records）的行銷經理麥爾坎·曼斯威爾（Malcolm Manswell）說。「有人曾用這場運動來詆毀高層的名聲。」

示弱與同理心

假如你真的想要當個有同理心的領導人，那就必須做件令人生畏的事：表現出自身的弱點。我們私底下都很羨慕超級英雄在電影裡的威力，但使他們可親和有人味的卻是他們的短處。我們的黃色太陽使超人有威力，但氪星石會削弱他。假如超人沒有短處，看他每戰必勝就很無聊了。

把你的才華告訴眾人是一回事，對你的缺點敞開心胸則是另一回事。「示弱是連結的發源地，以及通往價值感的路徑。」休士頓大學社會工作研究院的研究教授布芮尼．布朗（Brené Brown）告訴我。「假如感覺起來不脆弱，分享的事情八成就沒有建設性。」

打造同理心文化：還是要看你

糟糕的領導和更糟的行為在實體和網路世界中都會發生，而且處境並沒有任何好轉。從年輕的時候，我們所學到的就是用頭腦來領導比較好。但假如真的想要啟發和連結他人，我們就需要用心來領導，對身邊的人表現出同理心和愛心。身為年輕的領導人，改變這樣的動能還是要看你。

不要試著想把員工的問題迅速解決，你需要花時間去傾聽到底是怎麼回事，並用本身的經驗來更加了解他們的情緒。像我這樣在人生中受過霸凌的人有數百萬，它對我們在職場內外的自信具有毀滅性的衝擊。身為受害者，我覺得我大聲說出來的任何話都會遭到批評，於是我就變得靜默，對口中所吐出的每個字都格外謹慎。我花了好多年才鼓起勇氣來分享童年遭到霸凌的痛苦和創傷，可是當我把自己所經歷的事告訴眾人時，他們常會把本身的痛苦公開得更多，而使我不覺得孤單。

試著盡可能少用科技來溝通。與其猛為照片蒐集數百個讚，何不拿起電話告訴某人，你有多感恩她加惠了你的人生？與其不停瀏覽貼文來看有誰留言，何不邀請某人來場咖啡約會？

以同理心來領導的關鍵要點

1. 在團隊交談中示弱。這會使你有人味，並且會比較容易讓團隊成員在遇到問題時找你來洽詢。示弱不是短處，而是創造安全的空間來讓人員跟你有更深厚關係的長處。

2. 充分臨場。隊友跟你說話時要加以傾聽，任何干擾（包括你的手機）都要擺到一邊。

3. 把他人擺在第一位。當你太過聚焦於本身的職涯、爭取權力和賺錢時，對於能幫助自己把三者全部達到的人就會失去掌握。對他們將心比心會有助於你解決他們的問題或迎合他們的需求。假如你過去遭受過同樣的悲劇或障礙，這會更加管用，但就算沒有，也要盡其所能退一步來想一下。

Chapter 10

改善員工體驗

你必須成為橫跨團隊來灌注資訊、促進溝通和維護文化的力量。

——史丹利・麥克克里斯托將軍[1]

體驗這個詞成了我這一代的商業用詞之一，因為它考量到了你跟人、地方、產品或公司的各種互動。身為顧客，你對公司的體驗類型會決定你在光譜上是落在何處，一邊是高度忠誠、不支薪的品牌傳道者，一邊則是隨時隨地都盡可能不遺餘力抨擊品牌的有害顧客。員工也有類似的光譜，範圍從長年待在你身邊的忠誠、有成效工作者，到折損團隊與公司的不忠誠、無成效、破壞性工作者。員工在這道光譜上是落在何處，主要是取決於你為團隊所創造的員工體驗。

這層體驗比你或許以為的要來得複雜，這就是為什麼我要帶各位走一遍它的每個層面，以及要怎麼改善它。由於它涉及職場的實體、交際和文化元素，以及你跟員工的每個接觸點，所以創造正面的員工體驗有賴於諸多的思考、創意和一貫的努力。

在前幾章裡，我討論了許多改善員工體驗的方法。現在就來看看，這幾塊是如何全部一起運作。但我並不是個別重彈老調，而是為思考員工體驗提供了五條要考慮到的規則。

規則一。對待員工的方式要一貫。假如他們看到同僚受到特別待遇或跟你有獨特的互動，他們就會覺得遭到排擠和不受賞識。

規則二。努力去打造即使你沒有在場也能維持下去的文化。不要期望員工會對現有的文化盲目買帳。

規則三。力求去了解他們是靠什麼做下去，以及你能如何把他們視為個人而不只是團隊成員來支援。不要假定員工的需求得到了滿足。

規則四。授權員工參與打造過程，並為他人扶植同樣的體驗。不要試著為他們的體驗扛起全部的責任。

規則五。減少依賴裝置、平台和機器人。它會排除掉使工作事關個人並切合員工心理需求的人性接觸。不要信任科技來替你做事。

遵守這五條規則會讓你更加體會到要避開什麼，以及要把努力聚焦在哪裡。記住，你所創造的員工體驗會無所不包並納入一切，從某人寄履歷給你的那一刻，一路到他在職的最後一天為止。我們來更仔細看看員工體驗的整個生命週期。

員工體驗的生命週期

為了盡可能創造出最好的體驗，你需要從員工而不只是本身的觀點來了解事情。員工體驗的生命週期有六段確切的時期需要關注，就列在下表中。在任何一件有重大里程碑的大案子上，不同的員工都需要你在不同的階段給予不同的關注量。

員工視角	雇主視角	要怎麼處理
加入	招募	在面試期間，幫助人選去了解你們的價值與文化。針對他們共事起來會最有利的人員類型以及每天在工作上所想要有的體驗來提問。想想他們的個性跟團隊的其他人會有多搭調，而且可能的話，在決定徵聘前讓各團隊成員與各人選見見面。最重要的是，一定要問到他們對未來的計畫。在決定徵聘前，必須確定人選的期望符合職場與文化的現實。
熟悉	到任	讓新人熟識組織的文化，安排他們跟較小群的人午餐和會面。教他們日常差事的基本事項，確定他們有工具來搞定日常工作。分配資深的團隊成員來指點新人，直到他們能獨當一面為止。
學習	發展	打造共享的學習環境來鼓勵員工在最需要時彼此幫助。跟各員工展開非正式的交談。除了使他們感到特別，這也會有助於你認清他們個人的學習風格，而能把學習體驗與機會最大化。

表現	績效管理	注意員工表現如何，並在必要時介入，以確保他們隨時都在對的軌道上，並對所產出的工作覺得有信心。固定蒐集和發送反饋，使他們知道自己是站在何處，要怎麼改善，以及要怎麼隨時當個牢靠的團隊咖。
成長	為職涯加分	評量過員工後，要確保他們具備必要的技能、領導能力和信心來更上一層樓。沿路都要支持和鼓勵他們。了解他們的抱負，以及成長與加分對他們的意義何在。
離開	卸任	你會希望員工在分別時是以正面的姿態離開，並對你、團隊和公司讚譽有加。而且天曉得，假如他們（和你）意會到你想要再次一起共事的話，他們在將來的某個時候或許還會回鍋或「重作馮婦」。

員工體驗是與不是什麼

員工體驗是所有會在認知、行為與感受上影響員工的互動總和。他們的體驗包括與隊友交談、每天所處的實體空間、所從事的工作性質，以及在公司整趟歷程中的觀察。就是他們對職場、職務、隊友和老闆感覺如何。

創造對的員工體驗不在於挑選雜七雜八的福利，像是乒乓桌和免費點心，並在辦公室裡坐等魔法生效。這些福利聽起來很酷，但只是在因應短期的渴望，在員工的長期生命週期上所扮演的角色則不多。它並不會讓員工投入，幫助他們對職務變得更擅長，或是使他們想要在公司留任比較久。不幸的是，創造最妥適的員工體驗並非一蹴可幾。你必須長遠、費心地去看整個生命週期，並一次改善一個面向。

員工體驗的三個向度：文化、關係、空間

在思考我們跟隊友的不同接觸點時，我們需要聚焦在三個向度上。在各向度上，你都能

以如何影響員工感受的方式來控制各式各樣的操縱桿，但隨著時間推移，事情在運作上就必須設定成使你不必涉入。我們來詳細看看各向度。

／文化／

這些是關於隊友要怎麼一起共事來完成目標的不成文規則，以及把團隊打造為有凝聚力、運行順暢的黏著劑。文化是由許多元素所組成，包括核心價值、同理心、社群、工作倫理、語言、象徵、制度、倫理和儀式。它是祕教的企業版。我在大公司工作時，會使用朋友、父母、甚或是其他公司的同儕所聽不懂的語言。對，這些「祕密」語言使我們覺得有點像是祕教，但也把每個人更緊密地拉在一起，因為它是我們全體所共有的專屬事物。

學樂的科技副總裁史黛芬妮．畢克斯勒告訴過我，她有一位前老闆是如何用祕教的做法來激勵團隊成功。「他決定把團隊取名為GSD（Get Sh*t Done［給我搞定就對了］）。他以這個縮寫做了帽子給我們，並在我們團隊的工作空間周圍樹立起大型看板。他把縮寫刻蝕在全公司每個人的日常語言裡，使它在工作上成為本身的品牌。」她說。「在公司裡，他把我們定位成菁英、肯拚的團體。對我們來說，沒有問題太難或嚴重到解決不了。對於我們所做的事，它給了我們歸屬與自豪感。人類生來就會競爭。這類的烙印與建立團隊則增強了這些基本的本能。」

文化有多重要？南加大的研究人員研究了十七個國家的七百五十九家公司，並發現創新的最大動力不是薪水或政府政策，而是在那裡工作的人所支持的強大企業文化。[2]

不對員工授權的領導人行事起來會有如工頭，而不是管弦樂團的指揮，到最後就會打造出失調或失敗的文化。當員工覺得無權決定，得不到工作方面的反饋，或是無從獲悉自己所做的事會怎麼契合更大的格局時，他們對於達到高標準的成功就會變得比較不用心。當部門不彼此溝通或員工會折損隊友時，組織就會開始失敗，文化就會變得有害。

／關係／

這是員工體驗至關重要的部分，因為人員在情緒上連結其他的人類是遠多於商標、品牌或產品。假如你對待員工不公，或是有害的員工惹惱了其他人，團隊裡的好人就會離開，而且你不該怪他們。最好的領導人和公司會打造出有如家的環境。他們知道，當你關心他人的成功時，你就會打造出強固的情緒連結。

我曾跟保時捷（Porsche）的前任執行長彼得·舒茲（Peter W. Schutz）談到，他在一九八〇年代擔任領導人時，最大的挑戰就是要「讓賠錢的瀕死組織恢復成長與獲利」。面對這樣的問題，有很多執行長首先會削減成本，開發新的產品或服務，發明新的行銷概念，或是想出巧妙的廣告。但舒茲決定，首先要重建文化，把員工體驗擺在第一位。他相信從收發室職員到工程師和業務員，假如所有的員工都覺得彼此像是家人並力求共享成功，保時捷就會改善產品的品質，並開始在大賽中再次獲勝。[3] 他說對了。靠著更好的引擎，緊接著就是出賽成功，全世界的銷量從一九八〇年的每年兩萬八千輛，成長到了一九八六年的五萬三千輛。企業的獲利也有所增加。[4]

離職容易，但離家就難多了。在自創公司的前夕，我兩份企業職務上的經理都在我轉換跑道時掉了淚。

像家人的員工很可能會彼此交際，這就會提升和改善團隊合作。在一項針對兩萬位員工的研究中，研究人員發現，那些在公司裡認識達三人以上的人很可能會在那裡待得比較久。[5]這種交際和建立關係有很多是你的責任。在另外的研究中，同樣的研究人員蒐集了一千四百位上司和三萬位員工的資料，並發現員工的第一位經理對他們在往後幾年的表現影響最大。[6]跟員工維持強固的關係，你就能看到他們的表現每年都在進步。對於你在建立關係上的角色，我到後面會多談一點。

／空間／

空間是員工的實體環境，運用感官來碰觸、品嘗、見識和嗅聞一切的地方，從自助食堂的食物、辦公環境到節日裝飾。共事人員的年齡、辦公室的擺設和照明全都對員工事關緊要，即使他們從來不會提到這些事。實體空間對工作上的創意、協作和健身很關鍵。假如你沒有把空間弄對，別家公司就會。員工會想要舒適，並想要個人的工作偏好受到考慮。某位員工或許偏好隔間，而另一位或許偏好在休息室工作，這些偏好都可以固定更換。在戴爾易安信，公司的產品行銷經理亞當．米勒告訴我，領導人會跟建造團隊共事，以便用新科技來把辦公空間現代化。其中包括站立式辦公桌的選項、非正式會議空間等等，不一而足。這些增建給了員工更大的彈性，以對自己有成效的方式來工作。而在思科，公司的整合業務規畫經理卡洛琳．岡瑟說，新任執行長容許員工帶狗來上班。給員工選項就是讓他們挑選環境，好讓他們更有成效與更有創意。

儘管勞動力日趨行動和遠距，但在我們是如何體驗文化、培育關係和解決營業課題上，空間還是扮演了關鍵角色。研究人員克雷格．奈特和亞力士．哈斯蘭給了倫敦的四十七位上班族安排辦公室的選項，植物和照片愛擺多少就擺多少。[7]比起沒得去裝飾辦公室的控制組工作者，這些工作者高了三二%的成效，對團隊的成功也較為用心。在不同的研究中，接受抽樣調查的人約有半數說，重新設計辦公室會提高生產力，使他們更有組織，並提高他們的工作滿意度。[8]美國室內設計師協會（American Society of Interior Designers）的研究則發現，喜歡辦公環境的員工對工作滿意的可能性高了三一%。[9]

另一方面，當員工整天受到吵鬧的噪音轟炸，照明或空氣品質糟糕，在設備過時的辦公室或者跟公園及討喜的戶外空間孤立開來的大樓裡工作時，就比較難對工作亢奮，比較不願意花時間工作，也比較不可能為你有所產出。空間會影響到我們的心情、行為，以及我們是為誰工作的整體印象。

以空間來說，我們需要提供彈性和選項，並在我們能怎麼改善它上鼓勵員工誠實。我不是在談乒乓桌、免費點心和各樓層間色彩明亮的滑梯。這些是可以錦上添花的配件，但假如整體的實體環境劣拙，仍不足以防止員工跳槽。

空間每一天都在力推和增強文化。雖然燈的開關和擺設是由公司來控制，但員工應該要能決定怎麼把自己的隔間或辦公室個性化。假如你對此開明，或許可以影響他們去改變（例如你或可指出，辦公桌凌亂或者螢幕或鍵盤擺得不符合人體工學可能會對他們的生產力和健康造成負面影響），但最終來說，形成對本身有益的決定還是要看他們。

／讓員工來定義體驗／

與其孤立或由上而下來創造員工體驗，何不鼓勵並授權員工來參與改造的過程？假如你讓團隊來給你反饋，並針對他們所渴望的體驗來分享想法，要滿足這些期望就會容易得多。對工作日（Workday）的科技產品管理副總裁艾琳．楊（Erin Yang）來說，為團隊成員改善體驗的方式之一就是，給他們機會來參與對它的定義。「我獲派進入指導委員會來幫忙設計舊金山辦公室的新樓層。」她說。「我們可以把樓層訂做到最適於產品管理暨開發團隊的工作方式。接著我便把本身的團隊拉進來，請他們在共有的釘圖板上貢獻對辦公室的想法。這使我們對所打造的新空間要投入得多。」

除了讓員工來定義工作空間，在工作體驗的其他方面也要讓他們參與。艾琳告訴我，她看到這點正在工作日的其他層面發生，好比說他們的點心方案。「員工方案小組會固定對員工做抽樣調查，看他們想要什麼點心，而且重要的是，他們真的會依照反饋來改變。這是我看到眾人會欣賞的事。」

如要授權隊友來幫忙創造體驗，以滿足他們的需求與期望，最有效的方法就是把他們請上桌。確定他們知道，他們的意見和思維會帶來改變，因為我在第一章提過，人員在本質上必須覺得自己的工作事關緊要。不分頭銜或任期，在重要的討論上把員工納進來會使他們覺得重要，並同時確保多元想法。

「在我夠有信心要求上桌的時刻，主任就會替我拉椅子，在實地上和比喻上都是，並邀請我坐下來。」HBO的數位內容資深經理凱蒂．盧卡斯說。「他會找機會對我的工作加以拉抬和授權。」請隊友上桌就是在把他們拉進討論裡，最終則會影響到他們的員工體驗。

員工體驗如何使營業改觀

一如任何會影響到職場的事，在聚焦於改善員工體驗上，我們也需要能找到理由。所幸我們可以去度量，當公司在員工所歷經的生命週期中帶來了正面、難忘的體驗時，它所獲得的營業好處：他們會在你身邊待得比較久，在任時會表現得比較好，並且會擔任起能在你招募時幫上忙的非正式品牌大使。我們在對主管調查時，有超過八〇％說員工體驗對組織的成功重要或非常重要，對比之下則只有一％說它不重要。[10]我預測這一％很快就要找新工作了。在另外的研究中，德勤不但印證了我們的資料，還發現只有二二％的公司在建立區隔式的員工體驗上出類拔萃。[11]

IBM和全球人才（Globoforce）可以把各式各樣的工作層面串連上員工的整體體驗。[12]它們發現，正面的體驗跟較好的績效、較低的異動率、較高的社會關聯度和較佳的團隊合作有關。舉例來說，當員工覺得自己的想法被聽到時，有超過八成所回報的體驗都比較正面。

以下的操練有助於各位辨認出員工體驗可以改善的地方。這要植基於各位所得到的反饋、隊友的日常行為，以及為了使職場更好而採取或沒有採取的行動。

自我反思：你正為員工創造什麼樣的體驗？

為了有效審視和改善員工體驗，拿以下問題來問問自己，它會讓你更加體會到，自己做了（或沒有做）什麼來確保員工滿意與投入。假如你在回答這些問題上有麻煩，或者假如你需要額外的資料，我強烈建議排訂與員工一對一交談，並問他們是如何看待自己的體驗。目標則應該是至少要滿足（甚至是超越！）他們的期望。

1. 對於驅動員工的前三大因素，你覺得是什麼？
2. 對於團隊成員在工作內外的交際，你是否都有所留意？
3. 員工知不知道公司的使命和目的？
4. 求職者或前員工在體驗上給過你什麼反饋？
5. 員工異動率是否太高？

6.在看個性契合度來徵才上，你有多花心思？
7.你有沒有檢視過辦公空間對員工生產力的衝擊？
8.員工有沒有得到適當的支援來完成工作？
9.你有沒有打造出家人的氛圍來讓員工覺得安心？
10.在員工體驗的生命週期上，你能改善的層面有哪些？

如何改善員工體驗

既然我說明了員工體驗對公司的成功為什麼這麼至關重要，各位也知道了哪裡需要改善，那就到了來談一些關鍵策略的時候。在我們的研究中，全國各地的人資領導人告訴我們，提升員工體驗的前三大方法是：

1.投資訓練和發展。
2.改善員工的工作空間。

3. 給予更多肯定。[13]

這完全合情合理，對吧？當員工有必要的課程與資源來精進技能時，在會議中就會更有信心，也更可能與團隊分享知識。已經討論過的是，工作空間至關重要，因為我們有這麼多時間都是花在那裡。肯定則會讓員工對自己感覺良好，並打造出文化來讓他們看到和欣賞他人的正面特質與成就。

沒有先度量就嘗試去改善員工體驗，那就是在浪費時間。為了把體驗本身度量到最準確，你需要看出它跟目前或想要為你工作的人在期望上有多合拍。

在公司外，評論網站和專業網路上都有很多現成的資訊，使你能針對求職者和員工是受到怎樣的對待來取得無保留和匿名的反饋。你所辨認出的每個弱點都是把落差給拉近的機會。舉例來說，假如員工覺得自己應聘去做的事到頭來卻不是實際上所做的事而請辭了，那你顯然就需要更新工作說明，並在到職時加以調整。假如你看到多則前員工的留言在講管理階層是如何不支持他們，那你或許就需要自己去上堂課，或是修改你為團隊所上的管理階層訓練課程。這樣的反饋相當常見，因為員工離開拙劣的管理階層要多過於離職。

在公司內，對員工體驗的生命週期則要每個層面都看，從員工加入到最終離開時。要得到第一手的資訊，最容易的方法就是每個月至少一次把團隊當成焦點團體，針對要怎麼改善工作環境來向他們徵詢直言不諱的反饋。「我們做了不凡的操練，人員可以把便利貼黏在辦公室的指定空間裡，以便把想看到的改變給反饋出來。」維亞康姆的行銷策略、趨勢和洞察力副總裁莎拉．翁格說。「但關鍵在於，改變要真的有人聽。」

各位還應該向即將到任的職務人選以及快要離開而在卸任當中的員工蒐集資訊。對於他們所擁有的體驗，這些之前、當中和之後的資料點會一起為你勾勒出更完整的面貌。假如某人是帶著很大的熱忱來展開職務卻以沮喪告終，你就需要查明是為什麼，以免它再次發生。拿快樂和不快樂的人選及員工來比較，以了解落差在哪和要怎麼弭平。

你在創造員工體驗上的角色

你可以有最令人驚豔的工作空間，但管理階層和員工要是沒有強固的關係，你就會失敗，保證會。這就是為什麼你需要兼而成為更好的領導人，並鼓勵或訓練他人比照辦理。經理人會對員工的體驗產生巨大的衝擊，因為他們不停在跟他們互動，從徵詢建言到分配新案子。

具備轉型式領導風格，對反饋抱持開放與歡迎，並鼓勵每個人做到最好，你就會更打動他們，他們則會更賣力為你工作。

我聽人說過，好的經理人是來自先天而非後天，但依照我的經驗，好的管理可以傳授給任何願意為了做到它而花時間來學習必備關鍵技能的人。我們需要停止去晉升的經理人是只因為他有任期或工作賣力，或是因為我們怕失去他。給平庸或拙劣的經理人更多的權力是折損員工體驗的絕佳方式。

以為員工創造強大和令人興奮的體驗來說，看似瑣碎的事才事關緊要。要扶植強固的團隊關係，最好的方式之一就是走出企業的高牆來思考，並為員工規畫交際踏青與活動。以晚餐來表示你的感激，慶生，或是凸顯里程碑，這都能把團隊真正拉在一起。可悲的是，大部分的公司都是大為聚焦於盈餘，而沒有把強固的員工關係視為獲取更高營收的關鍵組件。在一項研究中，人力配置巨頭羅致恆富發現，有八成的公司沒有舉辦年度聚會。[14] 簡單公開的「謝謝你」、派對、禮品卡、運動賽事的門票或免費晚餐都能大有裨益。你或許認為它不是大事，但對員工來說卻是，尤其是在出乎意料時。

當員工看到你支持他們在辦公室外的交際時，他們就會開始比照辦理。假如沒有，那就公開鼓勵他們這麼做。當員工以對團隊中的他人友善的方式來行事時，就是在創造使他們想要長久待下來的社群。當社群有強固的社會羈絆，使員工互相信任並關心彼此到不只是為了完成最新的案子時，公司就會強盛。好比說是去醫院探望團隊成員，強烈的同理心會為員工的生計帶來重大的影響，並有助於他們看到你不只是他們的經理人，也是真切關心他們的朋友。當同事加入公司的運動隊伍，或是參與資源團體來幫助其他的員工（女性、年輕的專業人士、拉丁裔等等）時，你就知道他們正在建立和拓展關係與團隊，而且不是出於受迫。

切記辦公室外的交際只是整體員工體驗的諸多組件之一。「好玩、交際的事令人驚豔又有意思，可是當老闆對此依賴到勝過了工作環境的調性時，就像是搞錯了優先事項。」時代公司（Time, Inc.）的學習與發展副總裁艾曼達．帕希提（Amanda Paciti）說。「我想從來沒有任何人會說：『哇，老闆帶我去打保齡球，我熱愛我的工作！』從來都是。」雀巢普瑞納（Nestle Purina）的品牌經理艾曼達．賽德曼（Amanda Zaydman）補充說，「人都想要得到啟發，覺得受到重視，並相信自己所做的工作。有時候這代表要花時間舉辦驚喜的準媽媽派對，或是為生日選購杯子蛋糕，但我認為你日復一日所做的事會產生更大的影響。誠實和透明、傾聽、力挺有才華的員工獲得想要和實至名歸的分配與晉升。它不是什麼革命性的事，但經理人很容易把它忘掉」。

除了與隊友同慶，你也會想要在個人的層次上去認識他們。我們或許全都有類似的基本需求和渴望，但我們個人也有獨特的動機和夢想。去認識各個員工時，要寫下他們最大的動力、興趣和抱負，使自己能有意識地致力去滿足他們的需求。

在影響職場體驗上，與領導人的碰面時間可能會扮演至關重要的角色。康菲（ConocoPhillips）的土地經理琳賽．韋多（Lindsay Weddle）就有過的經驗是，她對公司的領導人大為折服，卻從來沒有為他工作過。他所做的事後來則影響了她的管理風格。「在會面的某個時候，我把我女兒的名字告訴了他。幾個月後，他走進電梯裡說：『嘿！艾碧嘉好不好？』真的坦白說，我嚇了一大跳。我印象很深的是，他記得我私人的事，並花時間跟我聊到了我女兒。」她告訴我。「他無疑是公司裡數一數二的忙人，但對於那一刻的設想周到，我多年後仍銘記在心。我會以有意識的努力來記住員工配偶和小孩的名字，並叫出名字來問他們好不好，原因就在於此。」

員工在工作上各自都有本身的一套動機和興趣，下表會有助於你支援他們。

員工的動機和興趣	如何支援他們
彈性	准許員工每週至少一天晚來上班或遠端辦公。
薪水	只要表現良好和促進了營業結果，一定要為他們一年至少加薪一次。
友誼	把他們介紹給團隊內外的人，並邀他們前來交際活動。
運動	除了薪水獎金，還要針對你知道他們會喜愛的運動賽事送上兩張門票。
旅遊	假如在多個城市有辦公室，就允許他們去其中一個辦公室上班。或者假如有產業大會，就讓他們出席，使他們能同時學習和旅遊。

去認識員工並非單行道。「我改善了員工在工作上的體驗，靠的是在個人的層次上去認識他們，回報則是允許他們在同樣這個層次上來認識我。」資訊巴士軟體的資深行銷經理艾曼達．海莉說。「對比在家，在工作上當不同的人會很累。對我來說，你看到什麼就是什麼。我會聊我先生，我會送上我愛聽的歌，我會分享愛貓的照片。個人細節是把自己和事業往前

推展的結締組織。」

以建立正面的員工體驗來說，我看到經理人所犯下最大的錯誤就是，沒有在徵聘新人的最初九十天訂出務實的期望。重要的是，要讓他們知道會學到什麼，確立目標，以及設定議程來讓本身的職責前進。要讓他們覺得，它不只是職務，更是長期職涯的一部分。沒有人會想要覺得像是機器人，或是組裝線中無所用心的齒輪；人會想要知道，自己的職務要怎麼配合來讓公司成功。「對我來說，關鍵是要讓人員了解到，他們的貢獻會受到賞識，並且會帶來改觀，無論人員是不是為我工作。」萬事達卡的資訊治理、法務和加盟誠信副總裁約翰．穆旺吉說。「知道你的工作事關緊要，就會大大改善人的體驗，而且他會把你視為專業發展上的夥伴。」

跟員工擬出他的訓練計畫，包含他未來所需要的技能、建議要完成的課程，並解釋這會如何有助於他表現更好。人在開始做新的事情前，自然會有壓力與焦慮，這麼做則有助於減輕員工的負擔。

縱然想要管控員工的體驗，各位也做不到，起碼不會一直都行得通。一如在消費者保護主義中，人會透過口耳相傳而對品牌有一些掌控權，你的員工也能就自身的體驗來對他人說好話或說壞話。這就是為什麼這麼重要的是，要授權員工來掌握自身的體驗，靠的則是為他們提供對的工具和專用的支援系統。你給他們的自主權愈高（假定他們對責任處理得來），落在你身上的壓力就會愈少。

在把它全部歸結起來上，臉書的績效管理負責人費維克．拉沃做得挺好。「我所共事過最好的領導人都會在個人方面對我的發展與成長感興趣。」他說。「他們會問到我的目標，針對我能如何發展與成長來提出新的想法，花時間來了解我的工作風格，最重要的則是在與我共度的整段時光裡，採取行動來讓我有辦法學習與成功。」

改善員工體驗的關鍵要點

1. **聚焦於最至關重要的體驗。**要想到員工體驗的整個生命週期，並試著一次改善一部分，你才不會負擔過多。除了每天與團隊成員的互動，還要針對他們的體驗來聚焦於最至關重要的時期，從任職的第一天到最後一天。

2. **從他們的視角來看員工體驗**。用內外部的資料來辨認出要改善的地方。把團隊變成焦點團體，並針對你感覺如何以及從他人身上所得到的反饋，藉由對他們透明來鼓勵誠實。

3. **授權員工**。讓員工對本身的體驗有某種程度的掌控權，給他們自由來繪製本身的路徑。在個人的層次上去認識他們，使你能在他們的個人發展上幫忙，並支援他們的抱負。

Conclusion

變得更人性

不要把移動和進展混為一談。

——梅默特・奧茲（Mehmet Oz）博士[1]

隨著科技興起、進步並顛覆了每種行業、專業與文化，對於裝置、網路和人工智慧會如何改變人類的行為，把工作替代掉，以及衝擊我們的組織、社群與生活，我們都是略懂皮毛而已。我們以為科技會把我們更緊密地拉在一起，然而它卻使我們的工作生活更有挑戰性和更沒有意義。在不太遙遠的未來，機器人或許會為你送上早晨的咖啡並替你刷牙，但你還是會有心臟、靈魂和心思，而為你和與你工作的人也是。當個稱職的領導人所需要的特質沒辦法外包給機器，好比說是同理心、開放和願景。基於這個原因，身為領導人，我們需要回歸人性並成為科技的主人，而不是反其道而行。

顯赫的科技領導人對科技的示警

科技革命所帶來的改變未見停止，但我們在使用時必須有所提防。這是我跟許多最受敬重的科技與人工智慧專家所共有的看法。而且當他們對我們示警時，我們真的應該要當回事。例如史提夫．沃茲尼克（Steve Wozniak）、史蒂芬．霍金（Stephen Hawking）和伊隆．馬斯克便針對人工智慧（ＡＩ）的社會衝擊簽署了公開信。[2] 微軟的研究主任艾瑞克．霍維茲（Eric Horvitz）則相信，有朝一日，人工智慧可能會對我們不利，並對我們的存在構成威脅。

蘋果的執行長提姆．庫克（Tim Cook）和臉書的執行長馬克．祖克伯是另外兩盞科技明燈，在發表畢業演講時示警說，他們自己所推銷的工具和系統有陷阱。在麻省理工學院，庫克說：「要用來連結我們的科技有時候卻是在把我們分隔開來。科技能做到很棒的事。但它不會想去做很棒的事。」[3] 在哈佛，祖克伯說：「我們的父母畢業時，目的是可靠地來自工作、教會、社群。但如今科技和自動化正在消滅許多工作。社群的成員數正在下降。許多人覺得疏遠和鬱悶，並試著填補空虛。」[4]

在我們所居住充斥科技的世界裡，身為年輕的領導人是個挑戰。而且唯有能打造出與他人的情緒連結，使我們能發揮同理心、展現出和善之舉並避免傷害他人的連結類型，我們才會成功。

職場正日益更加機器人化

在維珍脈動的研究中，我們問員工和經理人，他們相信自己的工作體驗會最受哪些趨勢所衝擊。[5]他們說自己最關注的是物聯網、人工智慧、智慧手機的進步、虛擬實境和穿戴式科技，換句話說就是自動化。自動化的衝擊會有多大？我們調查了數百家組織，並發現平均來說，它們在接下來幾年預計會減少至少一成的勞動力。[6]

有很多人把機器人看成未來式的東西，但我們已經比各位或許所想像的要接近得多。麥當勞（McDonalds）以自動服務機來取代收銀員，[7]達美樂披薩（Domino's Pizza）以自駕機器人來取代外送團隊，[8]勞氏（Lowe's）以機器人接待員來取代人類接待員，[9]雅樂軒酒店

（Aloft Hotel）則在實驗機器人服務生。[10]工作沒有一項安全。在中國，法務機器人受到了配置來決定特定法院案件的刑度，令人生畏者莫過於此。[11]說到底，全球經濟中有一大票工作以及在沒有遭到扼殺的工作內有各式各樣的差事都會被自動化完全消滅。

從公司的視角來看，機器人是降低勞動成本和增進獲利的方式。來想一下，假如公司能一次性地投資三萬美元來購買機器人，而不是在加上醫療、有薪假和潛在的加薪與獎金下，以七萬五千美元徵聘全職員工來做同樣的十幾份差事，它就會選擇機器人。機器人能天天二十四小時工作，而人類或許八小時就到極限了。機器人不會跟你爭論流程，或是抱怨自己過勞或有壓力；你叫他做什麼，它就會沒有怨言地去做。隨著這些機器的成本無可避免地下降，它會變得對雇主更加有吸引力，而這正是世界各地的許多執行長所盤算的心思。

依我之見，科技無疑會繼續使我們疏遠其他的人類，即使它變得更為個人，無論是虛擬實境、聊天機器人，還是微晶片注射，聽起來就像是出自最新科幻電影的東西，但已經在發生了。瑞典公司震央（Epicenter）提議為員工免費注射微晶片，而且已有一百五十人接受。雖然植入晶片的員工不必拿出皮夾就能輕鬆刷門和像是影印機的辦公設施，但他們會不停受到極為侵犯的追蹤。想像一下，假如你想要換雇主，那就必須動手術把那塊晶片取出來！

多點人性和少點機器的時候到了

我不但目睹、也參與過回歸人性的復興。當科技使我覺得與他人孤立開來時，我自然就會覺得需要連結更多。無論是與某人見面喝咖啡，走路去辦公室，或者甚至是打電話給父母，我都會試著不讓科技吃定我。我反而會用它來創造出更親自的處境，以及與他人更深刻的交談。在職場上，假如沒有我們從旁支援，團隊就無法發揮功能，而且要是沒有連結感，他們就不會那麼用心或有成效。機器固然變得對硬性技能內行，執行許多差事也快過人類的能力所及，但以造就優異領導人的軟性技能來說，占上風的永遠會是人類。

在接受消費者新聞與商業台訪問時，創新工場的創辦人李開復被問道，在機器拓展成更有智慧的世界裡，人類是不是還會占有一席之地。即使投資的是科技，李開復卻坦承：「我相信，以你的心來觸動人心是機器永遠做不到的事。」[12] 在強調與或為其他人工作的能力上，現今的工作遠勝於一九八〇或一九九〇年代。[13] 隨著工作流失，新的就會創造出來，而且那會持續有賴於領導、團隊合作、時間管理和交際技能。隨著你成為立志要當的領導人，培養強固工作關係的能力會是你最重要的資產。儘管未來很科技，交際技能仍會是我們持續用來編織職涯與人生的布料。《財星雜誌》（*Fortune Magazine*）的資深編輯傑夫・柯文（Geoff Colvin）告訴我：「在十萬年的演化扎根下，我們所重視的深刻互動是跟其他的人類，而不是跟電腦。」[14]

我們首先必須承認，我們需要用科技來扶植更深刻的連結與更強固的關係。而且我們必須坦承，我們需要的不只是更多的朋友，更是與現有的朋友更深刻的交談。我指的不是網路上那些表面的友誼，為的是看更新、讚和留言，卻鮮少、甚至從沒打過電話給他們，或是祝他們生日快樂。我指的朋友是，你會去投注時間，真切關心，以及跟有或沒有天天看到的同事所具有的關係。

從學習到情緒支持，我們為了成功所需要的每件事都能透過友誼來改善。像「網絡即身價」和「不在於你懂得什麼，而在於你是誰」的說法代代相傳便是其來有自。它是真的！會帶給你知識、工作和圓滿的是人，而不是機器。多年來，我很講求對較年長的成人問到友誼，而且每一位所告訴我的都是研究人員長年來所說的話：年紀愈長，密友就愈少。有好幾項研究也下結論說，人懊悔關係上的錯誤比對任何職涯上的決定都要來得深切。[15]知道這點可以幫助各位來決定，對誰要把握，對誰要放生。年紀愈長，我們的責任就愈大，從生兒育女到行程太滿，結果就是輕忽了朋友。各位可以對此有所作為，並在過程中為員工創造圓滿的工作體驗。

未來即現在

在孤立的年代仍有光明。如今我要敦促各位放下手機，把通知關閉，並且離線。我知道各位做得到！時間沒得回頭，但人性有得回歸。所以每天、每小時和每分鐘的每次互動都很重要。我要委請各位來帶路，而且我會陪在各位身邊助一臂之力。

誌謝

我的作家經紀人

本書要獻給我的作家經紀人和英雄吉姆．黎凡。他向來都很相信我，而且從我們一起工作以來，他就深深影響了我的整個職涯。吉姆是出版界的無名英雄，是當代一些重大作者與觀念背後的驅力，卻謙虛地居於幕後。他啟發了我，因為他本可輕鬆退休並待在高爾夫球場上，卻選擇繼續幫助下一代的作者成功。人只有真正熱愛自己所做的事，就像是吉姆，才能繼續兼而領導受人推崇的公司，並管理沒完沒了的作者名單。雖然他稱我「很衝」，但把這本書獻給他將激勵我使它成為我現有最好的一本，並成功到遠遠超出甚至是他所想像到的程度。

家父家母

謝謝你們相信我，並當我的請益對象。我對你們兩位愛到不行。

Da Capo Press

Dan Ambrosio、John Radziewicz、Kerry Rubenstein、Kevin Hanover、Michael Clark、Michael Giarratano、Miriam Riad 和他們的團隊相信書中的概念，並透過文字來幫助我替它注入生命。謝謝你們的信心票、投資和時間。

Armin Brott

你的編輯幫助我成了更好的作者，並改善了書的品質。對於你的努力、支持和鼓勵，我再怎麼感謝都不夠。

凱文．羅克曼教授

凱文一簽約就立刻為本書制訂出工作連結指數的評估，我希望他對孤立的學術研究會繼續下去。

未來職場

我很感激團隊的支持，包括 David Milo、Jeanne Meister、Kevin Mulcahy、Lea Deutsch、Tracy Pugh、Tuan Doan。靠著他們幫助，我們正在影響下一代的領導人，並使職場改觀。

維珍脈動

首次與 Wendy Werve 通話後，我就知道維珍脈動會是本書全球專題研究的完美搭檔。特別要謝謝 Andrew Boyd、Arthur Gehring、Elise Meyer、Hailey McDonald。

組合國際

我的專業演說職涯是始於組合國際在多年前找我去演講，而現在又兜回了原點，我的全國書籍發行會就是由他們主辦。特別要謝謝 Laura Drake 和 Patricia Rollins 相信我。

千禧百大

我為了書，去全世界一些最知名的公司訪問了一百位頂尖的千禧領導人（千禧百大）。其中包括亞當・米勒、艾莉森・艾爾沃西（Alison Elworthy）、艾曼達・富拉加、艾曼達・海莉、艾曼達・帕希提、艾曼達・賽德曼、阿米特・特里維迪、艾美・林達、艾美・歐德（Amy Odell）、安德魯・米勒、安東尼奧・麥克布魯姆、班・湯普森（Ben Thompson）、比爾・康納利、比爾・威爾斯（Bill Wells）、布雷德福・查爾斯・威金斯（Bradford Charles Wilkins）、布蘭登・葛羅斯（Brandon Gross）、布萊恩・泰勒、卡莉・查爾森、卡洛琳・岡瑟、查理・柯爾、克里斯・顧密樂、丹・克拉姆、丹尼・蓋諾、丹尼爾・偕德（Daniel Jeydel）、丹尼爾・金、丹尼爾・拉克洛斯（Daniel LaCross）、丹妮爾・巴克里（Danielle Buckley）、德瑞克・巴托斯寇尼斯、德瑞克・湯普森、艾德・曼德雷拉（Ed Mendrala）、艾蜜莉・卡普蘭、艾琳・米拉德（Erin Millard）、艾琳・楊、費利佩・納瓦羅、希瑟・桑普、伊洛娜・尤爾克維茲、傑森・龔、珍娜・雷博、珍娜・法薩羅（Jenna Vassallo）、珍妮佛・柯克雷恩（Jennifer Cochrane）、珍妮佛・福萊斯、珍妮佛・葛拉耶布（Jennifer Grayeb）、珍妮佛・羅培茲、珍妮佛・施普費爾、潔西卡・戈德伯格、潔西卡・拉提蒙、潔西卡・羅伯茲（Jessica Roberts）、吉兒・薩瑞斯基、喬・

羅倫斯、約翰・亨斯曼、約翰・穆旺吉、賈斯汀・伯恩邦（Justin Birenbaum）、賈斯汀・奧金、凱特・曼賈羅帝（Kate Mangiaratti）、凱蒂・盧卡斯、凱蒂・瓦尚、凱雅・厄里克、克莉絲蒂・提爾曼（Kristy Tillman）、凱爾・約克、拉拉・霍根（Lara Hogan）、蘿拉・以諾、蘿拉・佩提、里爾・雷德比、琳賽・韋多、麗茲・梅施（Liz Miersch）、麥爾坎・曼斯威爾、馬修・梅羅特拉、梅格・潘托（Meg Paintal）、梅根・葛瑞迪（Meghan Grady）、梅蘭妮・切斯、蜜雪兒・歐德蘭、麥克・麥斯威爾、麥克・施奈勒、南蒂・謝瑞夫（Nandi J. Shareef）博士、奈娃爾・法庫里、妮姆・戴史瓦德、歐姆・瑪瓦、帕羅・莫托拉、派翠西亞・羅林斯、保羅・萊奇、菲利普・克里姆、拉吉夫・庫馬爾、拉希達・霍吉、羅西・培瑞斯、羅斯・范伯格、山姆・霍伊、山姆・韋歐雷特、山姆・沃羅貝克、拉莎・丹傑洛（Sarah D’Angelo）、莎拉・翁格、莎拉・衛斯福德（Sarah Welsford）、夏蜜・甘地、賽門・布雪、舒爾德・格林、史黛芬妮・畢克斯勒、史黛芬妮・博世（Stephanie Busch）、崔西・夏帕德－拉許金、烏里西・卡多、吳薇琪、費維克・拉沃。

三橋製作（Three Bridges Productions）

謝謝各位創作喜劇小品來圖解書中的主要訊息。團隊中包含Alec Lawless、Catherine Beckett、Christian Roberts、Gina Ferranti、James Meeg、Lara Goldie、Peter Getz、Trevor Livingston、Yasmeen Jawhar。

朋友

在整個寫作過程中，朋友不但支持我，而且對於我的一些想法，他們是很棒的請益對象。特別要謝謝Allen Gannett、Chris Schembra、Cory Bradburn、David Homan、Farnoosh Torabi、James Altucher、Jay Shetty、Jeff Gabel、Jennifer Sutton、Jenny Blake、Jess Cording、Joe Crossett、Jonathan Mitman、Jordan Harbinger、Josh White、J. R. Rothstein、Julia Levy、Julie Billings-Nguyen、Labe Eden、Lewis Howes、Mickey Penzer、Mike Smith、Pete Ziegler、Rachel Tuhro、Russell Wyner、Ryan Paugh、Shane Snow、Yoni Frenkel。

13. Alex Gray, "Goodbye, Maths and English. Hello, Teamwork and Communication?," World Economic Forum, February 16, 2017, https://www.weforum.org/agenda/2017/02/employers-are-going-soft-the-skills-companies-are-looking-for/.
14. Dan Schawbel, "Geoff Colvin: Why Humans Will Triumph over Machines," *Forbes*, August 4, 2015, https://www.forbes.com/sites/danschawbel/2015/08/04/geoff-colvin-why-humans-will-triumph-over-machines/2/#134eb10b2b54.
15. Mike R. Morrison and Neal J. Roese, "Regrets and the Need to Belong," PsycEXTRA Dataset, n.d., http://journals.sagepub.com/doi/abs/10.1177/1948550611435137.

（注解請自 382 頁起翻閱）

the Future Study," November 29, 2016, http://workplace-trends.com/workplace-of-the-future-study/.

7. Tae Kim, "McDonald's Hits All-Time High as Wall Street Cheers Replacement of Cashiers with Kiosks," CNBC, June 22, 2017, https://www.cnbc.com/2017/06/20/mcdonalds-hits-all-time-high-as-wall-street-cheers-replacement-of-cashiers-with-kiosks.html.
8. Jeremy Kahn, "Domino's Will Begin Using Robots to Deliver Pizzas in Europe," Bloomberg, March 29, 2017, https://www.bloomberg.com/news/articles/2017-03-29/domino-s-will-begin-using-robots-to-deliver-pizzas-in-europe.
9. Rachael King, "Newest Workers for Lowe's: Robots," *Wall Street Journal*, October 28, 2014, https://www.wsj.com/articles/newest-workers-for-lowes-robots-1414468866.
10. John Markoff, "'Beep' Says the Bellhop," *New York Times*, August 11, 2014, https://www.nytimes.com/2014/08/12/technology/hotel-to-begin-testing-botlr-a-robotic-bellhop.html.
11. Neil Connor, "Legal Robots Deployed in China to Help Decide Thousands of Cases," *Telegraph*, August 4, 2017, https://www.telegraph.co.uk/news/2017/08/04/legal-robots-deployed-china-help-decide-thousands-cases/.
12. Sophia Yan, "A.I. Will Replace Half of All Jobs in the Next Decade, Says Widely Followed Technologist," CNBC, April 27, 2017, https://www.cnbc.com/2017/04/27/kai-fu-lee-robots-will-replace-half-of-all-jobs.html.

13. Future Workplace and Beyond.com, "The Active Job Seeker Dilemma Study."
14. "Retreats Build Teams, but Only 20% of Companies Use Them," CPA Practice Advisor, July 26, 2017, http://www.cpapracticeadvisor.com/news/12354785/retreats-build-teams-but-only-20-of-companies-use-them.

結語：變得更人性

1. Dan Schawbel, "Dr. Oz: What He's Learned from Over a Decade in the Spotlight," *Forbes*, September 18, 2017, https://www.forbes.com/sites/danschawbel/2017/09/18/dr-oz-what-hes-learned-from-over-a-decade-in-the-spotlight/#438e9a336c5b.
2. "An Open Letter: Research Priorities for Robust and Beneficial Artificial Intelligence," Future of Life Institute, January 2015, https://futureoflife.org/ai-open-letter.
3. "Tim Cook's MIT Commencement Address 2017," MIT, June 9, 2017, https://www.youtube.com/watch?v=ckjkz-8zuMMs.
4. "Facebook CEO Mark Zuckerberg Delivers Harvard Commencement Full Speech," Global News, May 25, 2017, https://www.youtube.com/watch?v =4VwElW7SbLA.
5. Future Workplace and Virgin Pulse, "The Work Connectivity Study," to be published November 13, 2018, at http://workplacetrends.com/the-work-connectivity-study/.
6. Future Workplace and Konica Minolta, "The Workplace of

ee Relationships Affect the Workplace," LinkedIn, April 22, 2015, https://www.linkedin.com/pulse/enemies-allies-6-ways-employee-relationships-affect-the-workplace/.

7. Craig Knight and S. Alexander Haslam, "The Relative Merits of Lean, Enriched, and Empowered Offices: An Experimental Examination of the Impact of Workspace Management Strategies on Well-Being and Productivity," *Journal of Experimental Psychology: Applied* 16, no. 2 (2010): 158–172, doi:10.1037/a0019292.
8. "The Importance of a Pleasant Workspace," Workplace Property, n.d., www.industrial-space-to-let.co.uk/the-importance-of-a-pleasant-workspace.html.
9. Rose Hoare, "Are Cool Offices the Key to Success?," CNN, August 10, 2012, https://www.cnn.com/2012/08/10/business/global-office-coolest-offices/index.html.
10. Future Workplace and Beyond.com, "The Active Job Seeker Dilemma Study," April 19, 2016, http://workplacetrends.com/the-active-job-seeker-dilemma-study/.
11. Josh Bersin et al., "The Employee Experience: Culture, Engagement, and Beyond," Deloitte Insights, February 28, 2017, https://www2.deloitte.com/insights/us/en/focus/human-capital-trends/2017/improving-the-employee-experience-culture-engagement.html.
12. IBM and Globoforce, "The Employee Experience Index," October 4, 2016, http://www.globoforce.com/wp-content/uploads/2016/10/The_Employee_Experience_Index.pdf.

once-but-only-once.html.

31. Sue Shellenbarger, "Is It OK for Your Boss to Hug Your Intern?," *Wall Street Journal*, February 13, 2018, https://www.wsj.com/articles/at-the-office-talking-about-sexual-harassment-is-still-tough-1518532200.

第十章：改善員工體驗

1. Dan Schawbel, "Stanley McChrystal: What the Army Can Teach You About Leadership," *Forbes*, July 13, 2015, https://www.forbes.com/sites/danschawbel/2015/07/13/stanley-mcchrystal-what-the-army-can-teach-you-about-leadership/#4c295ce972d5.
2. "Radical Innovation in Firms Across Nations: The Preeminence of Corporate Culture," *Journal of Marketing* (December 2008), http://faculty.london.edu/rchandy/innovationnations.pdf.
3. Dan Schawbel, "Peter W. Schutz on Becoming the CEO of Porsche," *Forbes*, August 24, 2012, https://www.forbes.com/sites/danschawbel/2012/08/24/peter-w-schutz-on-becoming-the-ceo-of-porsche/#653e257815f4.
4. Wikipedia, s.v. "Peter Schutz," accessed November 6, 2017, https://en.wikipedia.org/wiki/Peter_Schutz#cite_note-8.
5. Mitchell Hoffman et al., "The Value of Hiring Through Employee Referrals in Developed Countries," *IZA World of Labor*, June 2017, doi:10.15185/izawol.369.
6. Michael Housman, "Enemies to Allies: 6 Ways Employ-

24. William A. Gentry et al., "Empathy in the Workplace," 2016, http://www.ccl.org/wp-content/uploads/2015/04/EmpathyInTheWorkplace.pdf.
25. Stephanie Zacharek et al., "TIME Person of the Year 2017: The Silence Breakers," *Time*, December 7, 2017, http://time.com/time-person-of-the-year-2017-silence-breakers/.
26. "BBC—Sexual Harassment in the Work Place 2017," ComRes, November 12, 2017, http://www.comresglobal.com/polls/bbc-sexual-harassment-in-the-work-place-2017/.
27. Karishma Vaswani, "The Costs of Sexual Harassment in the Asian Workplace," *BBC News*, December 13, 2017, http://www.bbc.com/news/business-42218053.
28. "The Reckoning: 2017 & Sexual Misconduct," Challenger, Gray & Christmas, Inc., February 2, 2018, http://www.challengergray.com/press/press-releases/reckoning-2017-sexual-misconduct.
29. Kristine Phillips, "Lawmaker Who Led #MeToo Push Accused of Firing Aide Who Wouldn't Play Spin the Bottle," *Washington Post*, February 20, 2018, https://www.washingtonpost.com/news/post-nation/wp/2018/02/19/lawmaker-who-led-metoo-push-invited-staffer-to-play-spin-the-bottle-complaint-says/?utm_term=.1edecbc20392.
30. Madeleine Aggeler, "Facebook and Google Employees Can Ask Each Other Out Once, but Only Once," The Cut (blog), *New York Magazine*, February 6, 2018, https://www.thecut.com/2018/02/facebook-employees-can-ask-each-other-out-

about-empathy/.

17. Anne Loehr, "Seven Practical Tips for Increasing Empathy," Blog, April 7, 2016, http://www.anneloehr.com/2016/04/07/increasing-empathy/.
18. "Patient Photos Spur Radiologist Empathy and Eye for Detail," RSNA Press Release, December 2, 2008, http://press.rsna.org/timssnet/media/pressreleases/pr_target.cfm?ID=389.
19. Adam M. Grant, "The Significance of Task Significance: Job Performance Effects, Relational Mechanisms, and Boundary Conditions," *Journal of Applied Psychology* 93, no. 1 (2008): 108–124, doi:10.1037/0021-9010.93.1.108.
20. Craig Dowden, "Forget Ethics Training: Focus on Empathy," *Financial Post*, February 27, 2015, http://business.financialpost.com/executive/c-suite/forget-ethics-training-focus-on-empathy.
21. Businessolver.com, "Empathy at Work: Why Empathy Matters in the Workplace," Businessolver, n.d., https://www.businessolver.com/executive_summary#gref.
22. Shalini Misra, "New Study Shows Putting Cell Phones out of Sight Can Enhance In-Person Conversations," Virginia Tech, August 7, 2014, https://vtnews.vt.edu/articles/2014/08/080714-ncr-misrasmartphonestudy.html.
23. P. Mulder, "Communication Model by Albert Mehrabian," ToolsHero, 2012, https://www.toolshero.com/communication-skills/communication-model-mehrabian/.

cnbc.com/2017/05/12/wells-fargo-fake-account-scandal-may-be-bigger-than-thought.html.

11. Andre Lavoie, "How to Get Rid of Toxic Office Politics," Work Smart, *Fast Company*, April 10, 2014, https://www.fastcompany.com/3028856/how-to-make-office-politicking-a-lame-duck.
12. Jamil Zaki, "What, Me Care? Young Are Less Empathetic," *Scientific American*, January 1, 2011, https://www.scientificamerican.com/article/what-me-care/.
13. Justin Bariso, "This Email from Elon Musk to Tesla Employees Is a Master Class in Emotional Intelligence," *Inc.*, June 14, 2017, https://www.inc.com/justin-bariso/elon-musk-sent-an-extraordinary-email-to-employees-and-taught-a-major-lesson-in.html.
14. Almie Rose, "One Woman's Brave Email Is Helping to Break the Mental Health Stigma," attn:, July 10, 2017, https://www.attn.com/stories/18200/how-email-helping-break-mental-health-stigma.
15. Harry McCracken, "Satya Nadella Rewrites Microsoft's Code," *Fast Company*, September 18, 2017, https://www.fastcompany.com/40457458/satya-nadella-rewrites-microsofts-code.
16. Belinda Parmar, "Want to Be More Empathetic? Here's Some Advice from a Navy SEAL," World Economic Forum, December 13, 2016, https://www.weforum.org/agenda/2016/12/what-a-navy-seal-can-teach-business-leaders-

3. Drake Baer, "An MIT Researcher Found 2 Scary Things That Happen When You're on a Phone All Day," Business Insider, October 20, 2015, http://www.businessinsider.com/mit-researcher-sherry-turkle-says-phones-make-us-lose-empathy-2015-10.
4. "Maya Angelou > Quotes > Quotable Quote," Goodreads, n.d., https://www.goodreads.com/quotes/5934-i-ve-learned-that-people-will-forget-what-you-said-people.
5. "2006 Northwestern Commencement—Sen. Barack Obama," NorthwesternU, July 15, 2008, https://www.youtube.com/watch?v=2MhMRYQ9Ez8.
6. Jeff Cox, "CEOs Make 271 Times the Pay of Most Workers," CNBC, July 20, 2017, https://www.cnbc.com/2017/07/20/ceos-make-271-times-the-pay-of-most-workers.html.
7. Maya Kosoff, "Mass Firings at Uber as Sexual Harassment Scandal Grows," *Vanity Fair*, June 6, 2017, https://www.vanityfair.com/news/2017/06/uber-fires-20-employees-harassment-investigation.
8. Maeve Duggan, "Online Harassment 2017," Pew Research Center, July 11, 2017, http://www.pewinternet.org/2017/07/11/online-harassment-2017/.
9. "2017 WBI US Survey: Infographic of Major Workplace Bullying Findings," June 24, 2017, http://www.workplacebullying.org/tag/bullying-statistics/.
10. Dawn Giel, "Wells Fargo Fake Account Scandal May Be Bigger Than Thought," CNBC, May 12, 2017, https://www.

www.personalbrandingblog.com/personal-branding-interview-simon-sinek/.

27. Paul J. Zak, "The Neuroscience of Trust," *Harvard Business Review* (January–February 2017), https://hbr.org/2017/01/the-neuroscience-of-trust.
28. Future Workplace and Virgin Pulse, "The Work Connectivity Study."
29. Millennial Branding and Randstad, "Gen Y and Gen Z Global Workplace Expectations Study," September 2, 2014, http://millennialbranding.com/2014/geny-genz-global-workplace-expectations-study/.
30. Keith Ferrazzi, "Getting Virtual Teams Right," *Harvard Business Review* (December 2014), https://hbr.org/2014/12/getting-virtual-teams-right.

第九章：以同理心來領導

1. Dan Schawbel, "David Ortiz: From a Dominican Upbringing to 3-Time World Series Champion," *Forbes*, May 16, 2017, https://www.forbes.com/sites/danschawbel/2017/05/16/david-ortiz-from-a-dominican-upbringing-to-3-time-world-series-champion/#6c7a11e877a8.
2. Quoted in Jennifer Oldham and Liz Willen, "Are Texting, Multitasking Teens Losing Empathy Skills? Some Differing Views," HechingerEd, June 10, 2011, http://hechingered.org/content/are-texting-multitasking-teens-losing-empathy-skills-some-differing-views_4002/.

20. Adam Bryant, "In Sports or Business, Always Prepare for the Next Play," *New York Times*, November 10, 2012, http://www.nytimes.com/2012/11/11/business/jeff-weiner-of-linkedin-on-the-next-play-philosophy.html.
21. Dan Schawbel, "Drew Houston: Why the Most Successful Entrepreneurs Solve Big Problems," *Forbes*, May 23, 2017, https://www.forbes.com/sites/danschawbel/2017/05/23/drew-houston-why-the-most-successful-entrepreneurs-solve-big-problems/#6ed883f67acd.
22. Dan Schawbel, "Biz Stone: From His Mom's Basement to Cofounding Twitter," *Forbes*, April 1, 2014, https://www.forbes.com/sites/danschawbel/2014/04/01/biz-stone-from-his-moms-basement-to-co-founding-twitter/#137f51001161.
23. Shawn Achor, "The Happiness Dividend," *Harvard Business Review*, June 23, 2011, hbr.org/2011/06/the-happiness-dividend.
24. M. D. Lieberman and N. I. Eisenberger. "Pains and Pleasures of Social Life," *Science* 323, no. 5916 (2009): 890–891, doi:10.1126/science.1170008.
25. Dan Schawbel, "Michael E. Porter on Why Companies Must Address Social Issues," *Forbes*, October 9, 2012, https://www.forbes.com/sites/danschawbel/2012/10/09/michael-e-porter-on-why-companies-must-address-social-issues/#3d3fc24e468a.
26. Dan Schawbel, "Personal Branding Interview: Simon Sinek," Personal Branding Blog, February 15, 2010, http://

ue-of-employee-engagement/.

13. "Employee Engagement Levels Are Focus of Global Towers Perrin Study," *Monitor*, January 2006, http://www.keepem.com/doc_files/Towers_Perrin_0106.pdf.
14. Kim Elsbach et al., "How Passive 'Face Time' Affects Perceptions of Employees: Evidence of Spontaneous Trait Inference in Context," *SSRN Electronic Journal*, September 29, 2008, http://dx.doi.org/10.2139/ssrn.1295006.
15. Scott Turnquest, "Distributed Teams and Avoiding Face Time Bias," ThoughtWorks, April 24, 2013, www.thoughtworks.com/insights/blog/distributed-teams-and-avoiding-face-time-bias.
16. Dan Schawbel, "Amy Cuddy: How Leaders Can Be More Present in the Workplace," *Forbes*, February 16, 2016, https://www.forbes.com/sites/danschawbel/2016/02/16/amy-cuddy-how-leaders-can-be-more-present-in-the-workplace/#64de74c3731c.
17. Ken Sterling, "Why Mark Zuckerberg Thinks One-on-One Meetings Are the Best Way to Lead," *Inc.*, September 28, 2017, https://www.inc.com/ken-sterling/why-mark-zuckerberg-thinks-one-on-one-meetings-are-best-way-to-lead.html.
18. Lorne Michaels Quotes, BrainyQuote, n.d., https://www.brainyquote.com/quotes/lorne_michaels_501975.
19. WorkplaceTrends.com and Virtuali, "The Millennial Leadership Survey," July 21, 2015, http://workplacetrends.com/the-millennial-leadership-survey/.

5. Staples Business Advantage, "The North American Workplace Survey," June 29, 2015, http://workplacetrends.com/north-american-workplace-survey/.
6. Future Workplace and Virgin Pulse, "The Work Connectivity Study."
7. Dee DePass, "Honeywell Ends Telecommuting Option," *Star Tribune*, October 21, 2016, http://www.startribune.com/honeywell-ends-telecommuting-option/397929641/.
8. Sabrina Parsons, "Marissa Meyer at Yahoo! Declares: Face Time Is the Key," *Forbes*, March 4, 2013, https://www.forbes.com/sites/sabrina parsons/2013/03/04/marissa-meyer-at-yahoo-declares-face-time-is-the-key/#13b0f0112be9.
9. Will Oremus, "Now Meg Whitman Wants Everyone to Stop Working from Home, Too," *Slate Magazine*, October 8, 2013, http://www.slate.com/blogs/future_tense/2013/10/08/hp_working_from_home_ban_marissa_mayer_s_yahoo_policy_becomes_industry_narrative.html.
10. Lionel Valdellon, "Remote Work: Why Reddit and Yahoo! Banned It," Wrike, February 10, 2015, www.wrike.com/blog/remote-work-reddit-yahoo-banned/.
11. Jim Harter and Annamarie Mann, "The Right Culture: Not Just About Employee Satisfaction," *Business Journal*, April 12, 2017, Gallup, http://news.gallup.com/businessjournal/208487/right-culture-not-employee-happiness.aspx.
12. Santiago Jaramillo, "The Value of Employee Engagement," Emplify, July 2017, https://emplify.com/blog/the-val-

19. Joel Goldstein, "6 Personality Traits Employers Look for When Hiring," Lifehack, April 25, 2014, https://www.lifehack.org/articles/work/6-personality-traits-employers-look-for-when-hiring.html.
20. Christine Marino, "7 Need-to-Know Facts About Employee Onboarding," HR.com, July 7, 2015, blog.clickboarding.com/7-need-to-know-facts-about-employee-onboarding.
21. Kelsie Davis, "3 Questions Your New Hire Will Have on the First Day," Bamboo Blog, BambooHR, August 26, 2014, https://www.bamboohr.com/blog/new-hire-first-day/.

第八章：讓人投入以留才

1. Schawbel, Dan. "Personal Branding Interview: Tom Rath." *Personal Branding Blog*, October 25 2009, www.personalbrandingblog.com/personal-branding-interview-tom-rath/.
2. CareerBuilder, "New CareerBuilder Study Unveils Surprising Must Knows for Job Seekers and Companies Looking to Hire," July 1, 2016, https://www.careerbuilder.com/share/aboutus/pressreleasesdetail.aspx?ed=12%2F31%2F2016&id=pr951&sd=6%2F1%2F2016.
3. Future Workplace and Virgin Pulse, "The Work Connectivity Study," to be published November 13, 2018, at http://workplacetrends.com/the-work-connectivity-study/.
4. Gallup, "State of the American Workplace Report," http://news.gallup.com/reports/199961/state-american-workplace-report-2017-aspx.

(the Right Balance)," LinkedIn, June 4, 2015, https://www.linkedin.com/pulse/right-balance-when-headcount-stride-revenue-tracy-moore/.

13. Jessica Stillman, "8 Powerful Lessons You Can Learn from the Career of Elon Musk," *Inc.*, August 18, 2016, https://www.inc.com/jessica-stillman/8-powerful-lessons-you-can-learn-from-the-career-of-elon-musk.html.
14. Chris Anderson, "16 Management Quotes from the Top Managers in the World," Smart Business Trends, May 20, 2013, http://smartbusinesstrends.com/16-management-quotes/.
15. Lauren A. Rivera, "Hiring as Cultural Matching," *American Sociological Review* 77, no. 6 (2012): 999–1022, https://doi.org/10.1177/000312241246 3213.
16. Dan Schawbel, "Hire for Attitude," *Forbes*, January 23, 2012, https://www.forbes.com/sites/danschawbel/2012/01/23/89-of-new-hires-fail-because-of-their-attitude/#5959ffb2137a.
17. Matthew Hutson and Tori Rodriguez, "Dress for Success: How Clothes Influence Our Performance," *Scientific American*, January 1, 2016, https://www.scientificamerican.com/article/dress-for-success-how-clothes-influence-our-performance/.
18. Chad A. Higgins and Timothy A. Judge, "Effect of Applicant Influence Tactics on Recruiter Perceptions of Fit and Hiring Recommendations: A Field Study," PsycEXTRA Dataset, doi:10.1037/0021-9010.89.4.622.

nial Retention Study," December 6, 2013, http://millennialbranding.com/2013/cost-millennial-retention-study/.

6. CareerBuilder, "Nearly Seven in Ten Businesses Affected by a Bad Hire in the Past Year, According to CareerBuilder Survey," December 13, 2012, http://www.careerbuilder.com/share/aboutus/pressreleasesdetail.aspx?sd=12/13/2012&id=pr730&ed=12/31/2012.
7. Future Workplace and Virgin Pulse, "The Work Connectivity Study," to be published November 13, 2018, at http://workplacetrends.com/the-work-connectivity-study/.
8. Simon Chandler, "The AI Chatbot Will Hire You Now," *Wired*, September 13, 2017, https://www.wired.com/story/the-ai-chatbot-will-hire-you-now.
9. Chad Brooks, "Skip Skype: Why Video Job Interviews Are Bad for Everyone," *Business News Daily*, July 30, 2013, https://www.businessnewsdaily.com/4834-video-skype-job-interview.html.
10. Nikki Blacksmith et al., "Technology in the Employment Interview: A MetaAnalysis and Future Research Agenda," *Personnel Assessment and Decisions* 2, no. 1 (2016), doi:10.25035/pad.2016.002.
11. Millennial Branding and Beyond.com, "The Multi-Generational Job Search Study," May 20, 2014, http://millennialbranding.com/2014/multi-generational-job-search-study-2014/.
12. Tracy Moore, "When Headcount Is in Stride with Revenue

health.harvard.edu/newsletter_article/in-praise-of-gratitude.

21. Erin Holaday Ziegler, "Gratitude as an Antidote to Aggression," College of Arts & Sciences, University of Kentucky, October 20, 2011, https://psychology.as.uky.edu/gratitude-antidote-aggression.
22. Gino and Grant, "The Big Benefits of a Little Thanks."

第七章：看個性來徵才

1. Dan Schawbel, "Richard Branson's Three Most Important Leadership Principles," *Forbes*, September 23, 2014, https://www.forbes.com/sites/danschawbel/2014/09/23/richard-branson-his-3-most-important-leadership-principles/#b7801e63d509.
2. Randstad US, "An Over-Automated Recruitment Process Leaves Candidates Frustrated and Missing Personal Connections, Finds Randstad US Study," August 3, 2017, https://www.randstadusa.com/about/news/an-over-automated-recruitment-process-leaves-candidates-frustrated-and-missing-personal-connections-finds-randstad-us-study/.
3. Inc., "Tony Hsieh: 'Hiring Mistakes Cost Zappos.com $100 Million,' " November 15, 2012, https://www.youtube.com/watch?v=XHcyKU-wZoA& feature=youtu.be.
4. Newton Software, "The Real Cost of a Bad Hire," July 6, 2016, https://newtonsoftware.com/blog/2016/07/06/the-real-cost-of-a-bad-hire/.
5. Millennial Branding and Beyond.com, "The Cost of Millen-

13. Shawn Bakker, "A Study of Employee Engagement in the Canadian Workplace," Psychometrics Canada, n.d., https://www.psychometrics.com/knowledge-centre/research/engagement-study/.
14. WorldatWork, "Trends in Employee Recognition," June 1, 2013, https://www.worldatwork.org/docs/research-and-surveys/Survey-Brief-Trends-in-Employee-Recognition-2013.pdf.
15. US Bureau of Labor Statistics, "Employee Tenure Summary," September 22, 2016, https://www.bls.gov/news.release/tenure.nr0.htm.
16. US Bureau of Labor Statistics, "Employee Tenure Summary."
17. Martin Berman-Gorvine, "Employee Peer Recognition Boosts Work Engagement," Bloomberg, December 19, 2016, https://www.bna.com/employee-peer-recognition-n73014448785/.
18. Francesca Gino and Adam Grant, "The Big Benefits of a Little Thanks," *Harvard Business Review*, March 30, 2015, https://hbr.org/2013/11/the-big-benefits-of-a-little-thanks.
19. Emiliana R. Simon-Thomas and Jeremy Adam Smith, "How Grateful Are Americans?," *Greater Good Magazine*, January 10, 2013, https://greatergood.berkeley.edu/article/item/how_grateful_are_americans.
20. Harvard Health Publishing, "In Praise of Gratitude," *Harvard Mental Health Letter*, November 2011, https://www.

Motivates Us (New York: Riverhead Books, 2012).

7. Sho K. Sugawara, Satoshi Tanaka, Shuntaro Okazaki, Katsumi Watanabe, and Norihiro Sadato, "Social Rewards Enhance Offline Improvements in Motor Skill," PLoS ONE 7, no. 11 (2012): e48174, https://doi: 10.1371/journal.pone.0048174.
8. Badgeville, "Study on Employee Engagement Finds 70% of Workers Don't Need Monetary Rewards to Feel Motivated," June 13, 2013, https://badgeville.com/study-on-employee-engagement-finds-70-of-workers-dont-need-monetary-rewards-to-feel-motivated-211394831.html.
9. Melissa Dahl, "How to Motivate Your Employees: Give Them Compliments and Pizza," The Cut (blog), *New York Magazine*, August 29, 2016, https://www.thecut.com/2016/08/how-to-motivate-employees-give-them-compliments-and-pizza.html.
10. Dan Ariely and Matt R. Trower, *Payoff: The Hidden Logic That Shapes Our Motivations* (New York: TED Books/Simon & Schuster, 2016).
11. Martin Dewhurst et al., "Motivating People: Getting Beyond Money," *McKinsey Quarterly* (November 2009), https://www.mckinsey.com/business-functions/organization/our-insights/motivating-people-getting-beyond-money.
12. Future Workplace and Virgin Pulse, "The Work Connectivity Study," to be published November 13, 2018, at http://workplacetrends.com/the-work-connectivity-study/.

April 11, 2017, https://hbr.org/2017/04/a-face-to-face-request-is-34-times-more-successful-than-an-email.

12. Future Workplace and Randstad, "Despite the Tech Revolution, Gen Z and Millennials Crave In-Person Collaboration."

第六章：透過肯定來酬賞

1. Dan Schawbel, "Gary Vaynerchuk: Managers Should Be Working for Their Employees," *Forbes*, March 8, 2016, https://www.forbes.com/sites/danschawbel/2016/03/08/gary-vaynerchuk-managers-should-be-working-for-their-employees/#4e9df3e92008.
2. Dan Schawbel, "David Novak: Why Recognition Matters in the Workplace," *Forbes*, May 23, 2016, https://www.forbes.com/sites/danschawbel/2016/05/23/david-novak-why-recognition-matters-in-the-workplace/#58354e497bb4.
3. The Maritz Institute, "The Human Science of Giving Recognition," Maritz White Paper, January 2011, http://www.maritz.com/~/media/Files/MaritzDotCom/White%20Papers/Motivation/White_Paper_The_Science_of_Giving_Recognition1.pdf.
4. Maritz Institute, "Human Science of Giving Recognition."
5. E4S, "Incentives Bring Loyalty, Says Survey," June 7, 2008, http://www.e4s.co.uk/news/articles/view/747/job-news-and-information/gap-temp/Incentives-bring-loyalty-says-survey.
6. Daniel H. Pink, *Drive: The Surprising Truth About What*

about/news/despite-the-tech-revolution-gen-z-and-millennials-crave-in-person-collaboration/.

5. Lynda Gratton and Tamara J. Erickson, "Eight Ways to Build Collaborative Teams," *Harvard Business Review*, November 1, 2007, https://hbr.org/2007/11/eight-ways-to-build-collaborative-teams.
6. Jerry Useem, "When Working from Home Doesn't Work," *The Atlantic*, November 1, 2017, https://www.theatlantic.com/magazine/archive/2017/11/when-working-from-home-doesnt-work/540660/.
7. Steven Levy, "Apple's New Campus: An Exclusive Look Inside the Mothership," *Wired*, May 16, 2017, https://www.wired.com/2017/05/apple-park-new-silicon-valley-campus/.
8. Meeting King, "$37 Billion per Year in Unnecessary Meetings, What Is Your Share?," October 21, 2013, https://meetingking.com/37-billion-per-year-unnecessary-meetings-share/.
9. Patricia Reaney, "U.S. Workers Spend 6.3 Hours a Day Checking Email: Survey," *Huffington Post*, May 13, 2016, https://www.huffingtonpost.com/entry/check-work-email-hours-survey_us_55ddd168e4b0a40aa3ace672.
10. Kenneth Burke, "How Many Texts Do People Send Every Day?," Text Request, May 18, 2016, https://www.textrequest.com/blog/many-texts-people-send-per-day/.
11. Vanessa K. Bohns, "A Face-to-Face Request Is 34 Times More Successful Than an Email," *Harvard Business Review*,

16. Dan Schawbel, "Adam Grant: Why You Shouldn't Hire for Cultural Fit," Forbes, *February* 2, 2016, https://www.forbes.com/sites/danschawbel/2016/02/02/adam-grant-why-you-shouldnt-hire-for-cultural-fit/#58d045717eba.
17. Future Workplace and Beyond, "The Multi-Generational Leadership Study," November 19, 2015, http://workplacetrends.com/the-multi-generational-leadership-study/.

第五章：擁抱開放式協作

1. Dan Schawbel, "Beth Comstock: Being an Introverted Leader in an Extroverted Business World," *Forbes*, October 20, 2016, https://www.forbes.com/sites/danschawbel/2016/10/20/beth-comstock-being-an-introverted-leader-in-an-extroverted-business-world/#5d544eaa594f.
2. Lydia Saad, "The '40-Hour' Workweek Is Actually Longer—by Seven Hours," August 29, 2014, http://news.gallup.com/poll/175286/hour-workweek-actually-longer-seven-hours.aspx.
3. Christine Congdon et al., "Balancing 'We' and 'Me': The Best Collaborative Spaces Also Support Solitude," *Harvard Business Review*, October 1, 2014, https://hbr.org/2014/10/balancing-we-and-me-the-best-collaborative-spaces-also-support-solitude.
4. Future Workplace and Randstad, "Despite the Tech Revolution, Gen Z and Millennials Crave In-Person Collaboration," September 6, 2016, https://www.randstadusa.com/

diesel-car-buy-backs-to-cost-almost-9-billion-1461831943.

10. Christiaan Hetzner, "VW Ex-Chairman Piech Challenges Board Nominees, Report Says," *Automotive News*, April 30, 2015, http://www.autonews.com/article/20150430/COPY01/304309944/vw-ex-chairman-piech-challenges-board-nominees-report-says.
11. Lea Winerman, "E-Mails and Egos," PsycEXTRA Dataset, February 2006, http://www.apa.org/monitor/feb06/egos.aspx.
12. Vanessa K. Bohns, "A Face-to-Face Request Is 34 Times More Successful Than an Email," *Harvard Business Review*, April 11, 2017, https://hbr.org/2017/04/a-face-to-face-request-is-34-times-more-successful-than-an-email.
13. Steven Pressfield, "Writing Wednesdays: Resistance and Self-Loathing," November 6, 2013, https://www.stevenpressfield.com/2013/11/resistance-and-self-loathing/.
14. Korn Ferry, "Executive Survey Finds a Lack of Focus on Diversity and Inclusion Key Factor in Employee Turnover," March 2, 2015, https://www.kornferry.com/press/executive-survey-finds-a-lack-of-focus-on-diversity-and-inclusion-key-factor-in-employee-turnover/.
15. Charles Duhigg, "What Google Learned from Its Quest to Build the Perfect Team," *New York Times*, February 25, 2016, https://www.nytimes.com/2016/02/28/magazine/what-google-learned-from-its-quest-to-build-the-perfect-team.html.

29, 2014, http://www.usatoday.com/story/tech/2014/12/29/usa-today-analysis-finds-minorities-under represented-in-non-tech-tech-jobs/20868353/.

3. Grace Donnelly, "Tech Employees Overestimate How Well Their Companies Promote Diversity," *Fortune*, March 22, 2017, fortune.com/2017/03/22/tech-employees-overestimate-how-well-their-companies-promote-diversity.
4. Catalyst, "Women in Management," February 7, 2017, http://www.catalyst.org/knowledge/women-management.
5. John Tierney, "Will You Be E-Mailing This Column? It's Awesome," *New York Times*, February 8, 2010, http://www.nytimes.com/2010/02/09/science/09tier.html.
6. Richard Fry, "Millennials Projected to Overtake Baby Boomers as America's Largest Generation," Pew Research Center, March 1, 2018, http://www.pew research.org/fact-tank/2018/03/01/millennials-overtake-baby-boomers/.
7. US Census Bureau, "Educational Attainment in the United States: 2017," December 14, 2017, https://www.census.gov/data/tables/2017/demo/education-attainment/cps-detailed-tables.html.
8. Laura Pappano, "The Master's as the New Bachelor's," *New York Times*, July 22, 2011, http://www.nytimes.com/2011/07/24/education/edlife/edl-24masters-t.html.
9. William Boston, "Bad News? What Bad News? Volkswagen Bullish Despite Emissions Costs," *Wall Street Journal*, April 28, 2016, https://www.wsj.com/articles/volkswagen-says-

ma, Being an Immigrant and His Views on the Election," *Forbes*, November 15, 2016, https://www.forbes.com/sites/danschawbel/2016/11/15/trevor-noah-growing-up-with-trauma-being-an-immigrant-and-his-views-on-the-election/#a07b3ae3b4c5.

2. Anuradha A. Gokhale, "Collaborative Learning Enhances Critical Thinking," *Journal of Technology Education* 7, no. 1 (1995), https://doi.org/10.21061/jte.v7i1.a.2.
3. Cornerstone OnDemand, "New Study Shows Who Sits Where at Work Can Impact Employee Performance and Company Profits," Cornerstone, July 27, 2016, https://www.cornerstoneondemand.com/company/news/press-releases/new-study-shows-who-sits-where-work-can-impact-employee-performance-and-company.
4. Kronos and WorkplaceTrends, "The Corporate Culture and Boomerang Employee Study," September 1, 2015, http://workplacetrends.com/the-corporate-culture-and-boomerang-employee-study/.

第四章：提升多元想法

1. Dan Schawbel, "Ed Catmull: What You Can Learn About Creativity from Pixar," Forbes, April 8, 2014, https://www.forbes.com/sites/danschawbel/2014/04/08/ed-catmull-what-you-can-learn-about-creativity-from-pixar/#4460ac3f4222.
2. Jessica Guynn et al., "Few Minorities in Non-Tech Jobs in Silicon Valley, USA TODAY Finds," USA Today, December

Burning Calories, Tips, and Daily Needs," *MedicalNewsToday*, February 12, 2018, www.medicalnewstoday.com/articles/245588.php.

20. David T. Neal et al., "Habits—A Repeat Performance," *Current Directions in Psychological Science* 15, no. 4 (2006): 198–202, doi:10.1111/j.1467-8721.2006.00435.x.
21. "Global Mobile Consumer Survey: US Edition," Deloitte United States, February 28, 2018, https://www2.deloitte.com/us/en/pages/technology-media-and-telecommunications/articles/global-mobile-consumer-survey-us-edition.html.
22. Julie C. Bowker et al., "How BIS/BAS and Psycho-Behavioral Variables Distinguish Between Social Withdrawal Subtypes During Emerging Adulthood," *Personality and Individual Differences* 119 (2017): 283–288, doi:10.1016/j.paid.2017.07.043.
23. May Wong, "Stanford Study Finds Walking Improves Creativity," Stanford News, April 24, 2014, https://news.stanford.edu/2014/04/24/walking-vs-sitting-042414/.
24. Workfront, "2016–2017 State of Enterprise Work Report: U.S. Edition," July 1, 2016, https://resources.workfront.com/workfront-awareness/2016-state-of-enterprise-work-report-u-s-edition.

第三章：實踐共享學習

1. Dan Schawbel, "Trevor Noah: Growing Up with Trau-

place/#536731c36d36.

12. Nicholas Bloom, "To Raise Productivity, Let More Employees Work from Home," *Harvard Business Review*, January 1, 2014, https://hbr.org/2014/01/to-raise-productivity-let-more-employees-work-from-home.
13. Future Workplace and Polycom, "The Human Face of Remote Working Study," March 21, 2017, http://workplacetrends.com/the-human-face-of-remote-working-study/.
14. Staples Business Advantage, "The North American Workplace Survey."
15. Jason Bramwell, "What Day Is the Most Productive? Tuesday!," AccountingWEB, December 23, 2013, https://www.accountingweb.com/practice/growth/what-day-is-the-most-productive-tuesday.
16. National Sleep Foundation, "How Much Sleep Do We Really Need?," n.d., https://sleepfoundation.org/how-sleep-works/how-much-sleep-do-we-really-need/page/0/2.
17. Lisa Evans, "The Exact Amount of Time You Should Work Every Day," *Fast Company*, September 15, 2014, https://www.fastcompany.com/3035605/the-exact-amount-of-time-you-should-work-every-day.
18. Dave Mielach, "Exercise Is Good for Your Health and Your Career," *Business News Daily*, February 24, 2012, https://www.businessnewsdaily.com/2084-exercise-good-health-career.html.
19. Christian Nordqvist, "Calories: Recommended Intake,

5. Harmon.ie, "Collaboration & Social Tools Drive Business Productivity, Costing Millions in Work Interruptions," May 18, 2011, https://harmon.ie/press-releases/collaboration-social-tools-drain-business-productivity-costing-millions-work.
6. Vanessa K. Bohns, "A Face-to-Face Request Is 34 Times More Successful Than an Email," *Harvard Business Review*, April 11, 2017, https://hbr.org/2017/04/a-face-to-face-request-is-34-times-more-successful-than-an-email.
7. Staples Business Advantage, "The North American Workplace Survey," June 29, 2015, http://workplacetrends.com/north-american-workplace-survey/.
8. Future Workplace and Virgin Pulse, "The Work Connectivity Study," to be published November 13, 2018, at http://workplacetrends.com/the-work-connectivity-study/.
9. Joe Myers, "Is Technology Making Us Less Productive?," World Economic Forum, March 7, 2016, https://www.weforum.org/agenda/2016/03/is-technology-making-us-less-productive/.
10. Future Workplace and Beyond.com, "The Multi-Generational Leadership Study," November 10, 2015, http://workplacetrends.com/the-multi-generational-leadership-study/.
11. Dan Schawbel, "Charles Duhigg: How to Become More Productive in the Workplace," *Forbes*, July 24, 2016, https://www.forbes.com/sites/danschawbel/2016/07/24/charles-duhigg-how-to-become-more-productive-in-the-work-

bel/2017/10/23/richard-branson-his-views-on-entrepreneurship-well-being-and-work-friendships/#68e4165755d2.

25. Kat Boogaard, "Instead of Work-Life Balance, Try to Achieve Work-Life Integration," Inc., August 15, 2016, https://www.inc.com/kat-boogaard/4-tips-to-better-integrate-your-work-and-life.html.

第二章：優化生產力

1. Dan Schawbel, "Steve Harvey: His Biggest Obstacles, Time Management and Best Career Advice," *Forbes*, December 18, 2012, https://www.forbes.com/sites/danschawbel/2012/12/18/steve-harvey-his-biggest-obstacles-time-management-and-best-advice/#49b754dd442a.
2. Kronos Inc. and Future Workplace, "The Employee Burnout Crisis: Study Reveals Big Workplace Challenge in 2017," January 9, 2017, https://www.kronos.com/about-us/newsroom/employee-burnout-crisis-study-reveals-big-workplace-challenge-2017.
3. Ian Hardy, "Losing Focus: Why Tech Is Getting in the Way of Work," *BBC News*, May 8, 2015, http://www.bbc.com/news/business-32628753.
4. Virgin Pulse, "95% of Employees Are Distracted During the Workday, New Virgin Pulse Survey Finds," October 22, 2014, https://www.virginpulse.com/press/95-of-employees-are-distracted-during-the-workday-new-virgin-pulse-survey-finds/.

18. D. Kahneman and A. Deaton, "High Income Improves Evaluation of Life but Not Emotional Well-Being," *Proceedings of the National Academy of Sciences* 107, no. 38 (2010): 16489–16493, https://doi.org/10.1073/pnas.1011492107.
19. Kerry Hannon, "People with Pals at Work More Satisfied, Productive," *USA Today*, August 13, 2006, http://usatoday30.usatoday.com/money/books/reviews/2006-08-13-vital-friends_x.htm.
20. Jennifer Robinson, "Well-Being Is Contagious (for Better or Worse)," Gallup, November 27, 2012, www.gallup.com/businessjournal/158732/wellbeing-contagious-better-worse.aspx.
21. Shannon Greenwood, "In 2017, Two-Thirds of U.S. Adults Get News from Social Media," Pew Research Center's Journalism Project, September 7, 2017, http://www.journalism.org/2017/09/07/news-use-across-social-media-platforms-2017/pi_17-08-23_socialmediaupdate_0-01/.
22. Victoria Ward, "Facebook Makes Us More Narrow-Minded, Study Finds," *Telegraph*, January 7, 2016, https://www.telegraph.co.uk/news/newstopics/howaboutthat/12086281/Facebook-makes-us-more-narrow-minded-study-finds.html.
23. Future Workplace and Virgin Pulse, "The Work Connectivity Study."
24. Dan Schawbel, "Richard Branson: His Views on Entrepreneurship, WellBeing and Work Friendships," *Forbes*, October 23, 2017, https://www.forbes.com/sites/danschaw-

of Health and Human Services, August 1, 2017, https://www.niddk.nih.gov/health-information/health-statistics/overweight-obesity.

12. Millennial Branding and Randstad, "Gen Y and Gen Z Global Workplace Expectations Study," September 2, 2014, http://millennialbranding.com/2014/geny-genz-global-workplace-expectations-study/.
13. Victoria Bekiempis, "Nearly 1 in 5 Americans Suffers from Mental Illness Each Year," *Newsweek*, February 28, 2014, http://www.newsweek.com/nearly-1-5-americans-suffer-mental-illness-each-year-230608.
14. "2017 Employee Financial Wellness Survey," PwC, April 2017, https://www.pwc.com/us/en/industries/private-company-services/library/financial-well-being-retirement-survey.html.
15. Future Workplace and Virgin Pulse, "The Work Connectivity Study," to be published November 13, 2018, at http://workplacetrends.com/the-work-connectivity-study/.
16. Joshua Bjerke, "Inaugural Study Finds Employee Wellbeing a Strong Predictor of Performance," Recruiter, October 5, 2012, https://www.recruiter.com/i/inaugural-study-finds-employee-wellbeing-a-strong-predictor-of-performance/.
17. "Millennials Plan to Redefine the C-Suite, Says New American Express Survey," American Express, November 29, 2017, http://about.americanexpress.com/news/pr/2017/millennials-plan-to-redefine-csuite-says-amex-survey.aspx.

5. Melissa Carroll, "UH Study Links Facebook Use to Depressive Symptoms," University of Houston, August 6, 2017, http://www.uh.edu/news-events/stories/2015/April/040415FaceookStudy.php.
6. Mike Brown, "How Accurately Does Social Media Portray the Lives of Millennials?," LendEDU, May 15, 2017, https://lendedu.com/blog/accurately-social-media-portray-life-millennials/.
7. Holly B. Shakya and Nicholas A. A. Christakis, "A New, More Rigorous Study Confirms: The More You Use Facebook, the Worse You Feel," *Harvard Business Review*, April 10, 2017, https://hbr.org/2017/04/a-new-more-rigorous-study-confirms-the-more-you-use-facebook-the-worse-you-feel.
8. Future Workplace and Kronos, "The Employee Engagement Study," January 9, 2017, http://workplacetrends.com/the-employee-burnout-crisis-study/.
9. Staples Business Advantage, "The North American Workplace Survey," June 29, 2015, http://workplacetrends.com/north-american-workplace-survey/.
10. Jeffrey M. Jones, "In U.S., 40% Get Less Than Recommended Amount of Sleep," Gallup, December 19, 2013, http://news.gallup.com/poll/166553/less-recommended-amount-sleep.aspx.
11. "Overweight & Obesity Statistics," National Institute of Diabetes and Digestive and Kidney Diseases, US Department

release/atus.t01.htm.26. J. Holt-Lunstad, T. B. Smith, and J. B. Layton, "Social Relationships and Mortality Risk: A Meta-Analytic Review," *PLoS Med* 7, no. 7 (2010): e1000316, https://doi.org/10.1371/journal.pmed.1000316.

27. Lydia Saad, "The '40-Hour' Workweek Is Actually Longer—by Seven Hours," Gallup, August 29, 2014, http://news.gallup.com/poll/175286/hour-workweek-actually-longer-seven-hours.aspx.

第一章：聚焦於圓滿

1. Dan Schawbel, "Michael Bloomberg: From Billionaire Businessman to Climate Change Activist," Forbes, May 30, 2017, https://www.forbes.com/sites/danschawbel/2017/05/30/michael-bloomberg-from-billionaire-businessman-to-climate-change-activist/#1e00ede25a20.
2. Michael Bond, "How Extreme Isolation Warps the Mind," BBC Future, May 14, 2014, http://www.bbc.com/future/story/20140514-how-extreme-isolation-warps-minds.
3. Erica Goode, "Solitary Confinement: Punished for Life," *New York Times*, August 3, 2015, https://www.nytimes.com/2015/08/04/health/solitary-confinement-mental-illness.html.
4. Mark Molloy, "Too Much Social Media 'Increases Loneliness and Envy'— Study." *Telegraph*, March 6, 2017, https://www.telegraph.co.uk/technology/2017/03/06/much-social-media-increases-loneliness-envy-study/.

19. Future Workplace and Virgin Pulse, "The Work Connectivity Study," to be published November 13, 2018, at http://workplacetrends.com/the-work-connectivity-study/.
20. Future Workplace and Polycom, "The Human Face of Remote Working Study," March 21, 2017, http://workplacetrends.com/the-human-face-of-remote-working-study/.
21. "Japan Population to Shrink by One-Third by 2060," *BBC News*, January 30, 2012, http://www.bbc.com/news/world-asia-16787538.
22. Alanna Petroff and Océane Cornevin, "France Gives Workers 'Right to Disconnect' from Office Email," *CNNMoney*, Cable News Network, January 2, 2017, http://money.cnn.com/2017/01/02/technology/france-office-email-workers-law/index.html.
23. "PM Commits to Government-Wide Drive to Tackle Loneliness," Gov.uk, January 17, 2018, https://www.gov.uk/government/news/pm-commits-to-government-wide-drive-to-tackle-loneliness.
24. Uptin Saiidi, "Millennials: Forget Material Things, Help Us Take Selfies," CNBC, May 5, 2016, https://www.cnbc.com/2016/05/05/millennials-are-prioritizing-experiences-over-stuff.html.
25. "Table 1: Time Spent in Primary Activities and Percent of the Civilian Population Engaging in Each Activity, Averages per Day by Sex, 2016 Annual Averages," US Bureau of Labor Statistics, June 27, 2017, https://www.bls.gov/news.

13. Miller McPherson et al., "Social Isolation in America: Changes in Core Discussion Networks over Two Decades," *American Sociological Review* 71, no. 3 (June 1, 2006): 353–375, https://doi.org/10.1177/000312240607100301; and Vivek Murthy, "Work and the Loneliness Epidemic," *Harvard Business Review*, September 27, 2017, https://hbr.org/cover-story/2017/09/work-and-the-loneliness-epidemic.
14. Dan Schawbel, "Vivek Murthy: How to Solve the Work Loneliness Epidemic," Forbes, October 7, 2017, https://www.forbes.com/sites/danschawbel/2017/10/07/vivek-murthy-how-to-solve-the-work-loneliness-epid emic-at-work/#c4bc48d71727.
15. Carolyn Gregoire, "The 75-Year Study That Found the Secrets to a Fulfilling Life," *Huffington Post*, August 11, 2013, https://www.huffingtonpost.com/2013/08/11/how-this-harvard-psycholo_n_3727229.html.
16. Hakan Ozcelik and Sigal Barsade, "Work Loneliness and Employee Performance," n.d., https://journals.aom.org/doi/abs/10.5465/ambpp.2011.65869714.
17. Stephen Jaros, "Meyer and Allen Model of Organizational Commitment: Measurement Issues," *ICFAI Journal of Organizational Behavior* 6 (November 4, 2007): 1–20.
18. Kerry Hannon, "People with Pals at Work More Satisfied, Productive," *USA Today*, August 13, 2006, http://usatoday30.usatoday.com/money/books/reviews/2006-08-13-vital-friends_x.htm.

7. Gavin Francis, "Irresistible: Why We Can't Stop Checking, Scrolling, Clicking and Watching—Review," *Guardian News and Media*, February 26, 2017, https://www.theguardian.com/books/2017/feb/26/irresistible-why-cant-stop-checking-scrolling-clicking-adam-alter-review-internet-addiction.
8. Sarah Perez, "U.S. Consumers Now Spend 5 Hours per Day on Mobile Devices," TechCrunch, March 3, 2017, https://techcrunch.com/2017/03/03/u-s-consumers-now-spend-5-hours-per-day-on-mobile-devices/.
9. Patrick Nelson, "We Touch Our Phones 2,617 Times a Day, Says Study," Network World, July 7, 2016, https://www.networkworld.com/article/3092446/smartphones/we-touch-our-phones-2617-times-a-day-says-study.html.
10. Eric Barker, "This Is How to Stop Checking Your Phone: 5 Secrets from Research," *Barking Up the Wrong Tree*, March 5, 2017, https://www.bakadesuyo.com/2017/03/how-to-stop-checking-your-phone/.
11. Anderson Cooper, "What Is 'Brain Hacking'? Tech Insiders on Why You Should Care," *60 Minutes*, CBS Interactive, April 9, 2017, https://www.cbsnews.com/news/brain-hacking-tech-insiders-60-minutes/.
12. "Despite the Tech Revolution, Gen Z and Millennials Crave in-Person Collaboration." Future Workplace and Randstad, September 6, 2016, https://www.randstadusa.com/about/news/despite-the-tech-revolution-gen-z-and-millennials-crave-in-person-collaboration/.

注解

前言：科技正如何在工作上孤立我們

1. Dan Schawbel, "Arianna Huffington: Why Entrepreneurs Should Embrace the Third Metric," *Forbes*, March 25, 2014, https://www.forbes.com/sites/danschawbel/2014/03/25/arianna-huffington/.
2. Jeffrey M. Jones, "In U.S., Telecommuting for Work Climbs to 37%," Gallup, August 19, 2015, http://news.gallup.com/poll/184649/telecommuting-work-climbs.aspx.
3. James Manyika et al., "Harnessing Automation for a Future That Works," McKinsey & Company, January 1, 2017, https://www.mckinsey.com/featured-insights/digital-disruption/harnessing-automation-for-a-future-that-works.
4. Rob Cross et al., "Collaborative Overload," *Harvard Business Review*, December 20, 2016, https://hbr.org/2016/01/collaborative-overload.
5. "How Americans Spend Their Money," *New York Times*, February 10, 2008, http://archive.nytimes.com/www.nytimes.com/imagepages/2008/02/10/opinion/10op.graphic.ready.html.
6. "Why Can't We Put Down Our Smartphones?," *60 Minutes*, CBS Interactive, April 7, 2017, https://www.cbsnews.com/news/why-cant-we-put-down-our-smartphones-60-minutes/.

低歸屬感世代：面對因科技而變得孤獨的一代，管理者該如何找回工作夥伴間的深刻連結？｜丹．蕭伯爾（Dan Schawbel）著；戴至中譯. -- 初版. -- 臺北市：時報文化，2020.08 ｜ 384面；14.8×21公分. --（Next；272） ｜ 譯自：Back to human: how great leaders create connection in the age of isolation. ｜ ISBN 978-957-13-8309-5（平裝） ｜ 1. 商務傳播 2. 溝通技巧 3. 組織管理 ｜ 494.2 ｜ 109010736

BACK TO HUMAN: How Great Leaders Create Connection in the Age of Isolation
by Dan Schawbel

ISBN 978-957-13-8309-5
Printed in Taiwan.

next 272

低歸屬感世代：面對因科技而變得孤獨的一代，管理者該如何找回工作夥伴間的深刻連結？

Back to Human: How Great Leaders Create Connection in the Age of Isolation.

作者　丹．蕭伯爾 Dan Schawbel｜**譯者**　戴至中｜**副主編**　黃筱涵｜**編輯**　李雅蓁｜**封面設計**　Bianco Tsai｜**版型設計**　黃于倫｜**內頁排版**　林鳳鳳｜**校對**　林鳳儀、李雅蓁｜**企劃經理**　何靜婷｜**第二編輯部總監**　蘇清霖｜**董事長**　趙政岷｜**出版者**　時報文化出版企業股份有限公司　108019台北市和平西路三段240號4樓 **發行專線**—(02)2306-6842 **讀者服務專線**—0800-231-705．(02)2304-7103 **讀者服務傳真**—(02)2304-6858　**郵撥**—19344724 時報文化出版公司　**信箱**—10899台北華江橋郵局第99信箱　**時報悅讀網**—http://www.readingtimes.com.tw｜**法律顧問**　理律法律事務所　陳長文律師、李念祖律師｜**印刷**　盈昌印刷有限公司｜**初版一刷**　2020年8月21日｜**定價**　新台幣450元｜**版權所有　翻印必究**（缺頁或破損的書，請寄回更換）

時報文化出版公司成立於一九七五年，並於一九九九年股票上櫃公開發行，於二〇〇八年脫離中時集團非屬旺中，以「尊重智慧與創意的文化事業」為信念。